朝倉物理学選書
1
鈴木増雄・荒船次郎・和達三樹 編集

# 力 学

吉岡大二郎 著

朝倉書店

| 編　者 | |
|---|---|
| 鈴 木 増 雄 | 東京大学名誉教授・東京理科大学教授 |
| 荒 船 次 郎 | 大学評価・学位授与機構特任教授・東京大学名誉教授 |
| 和 達 三 樹 | 東京理科大学教授・東京大学名誉教授 |

# 「朝倉物理学選書」刊行にあたって

　2005年は，アインシュタインが光量子仮説に基づく光電効果の説明，ブラウン運動の理論および相対性理論を提唱した年から100年後にあたり，全世界で「世界物理年」と称しさまざまな活動・催し物が行われた．朝倉書店から『物理学大事典』が刊行されたのもこの年である．

　『物理学大事典』（以降，大事典とする）は，物理学の各分野を大項目形式で，できるだけ少人数の執筆者により体系的にまとめられ，かつできるだけ個人的な知識に偏らず，バランスの取れた判りやすい記述にするよう留意し編纂された．

　とくに基礎編には物理学の柱である，力学，電磁気学，量子力学，熱・統計力学，連続体力学，相対性理論がそれぞれ一人の執筆者により簡潔かつ丁寧に解説されており，編者と朝倉書店には編集段階から，いずれはこれを分けて単行本にしては，という思いがあった．刊行後も読者や執筆者からの要望もあり，まずはこの基礎編を，大事典からの分冊として「朝倉物理学選書」と銘打ち6冊の単行本とすることとした．単行本化にあたっては，演習問題を新たにつけ加えたり，その後の発展や図を加えたりするなどして，教科書・自習書としても活用できるようさらに充実をはかった．

　分冊化によって，持ち歩きにも便利となり若い学生にも求め易く手頃なこのシリーズは，大学で上記教科を受け持つ先生方にもテキストとしてお薦めしたい．また逆に，この「朝倉物理学選書」が，物理学全分野を網羅した「大事典」を知るきっかけになれば幸いである．この6冊が好評を得て，大事典からさらなる単行本が生み出されることを期待したい．

編者　鈴木増雄・荒船次郎・和達三樹

# は　じ　め　に

　理系の大学生はどの分野を専攻するにしても，一通りの物理学は学習することになっていると思う．その物理学で一番初めに習うのが力学であろう．本書はそのような大学で初めて力学を学ぶ学生が使用できるように書かれた教科書である．ただし，もともとは『物理学大事典』という，現代の物理学の全貌を一冊にまとめた書物の1章として書かれたものであるので，大学の1年生にとってはやや程度が高い箇所も含まれていることは否定できない．教科書として使用する場合は適宜取捨選択してほしい．なお教科書として出版するにあたり，各章に演習問題を付け加えたが，これらは初学者に適当な，基本的な問題に限ることとした．

　さて，高校で物理を学び，大学に進学したものにとっては，初めに習う物理の分野が力学であることについては失望感を持つかも知れない．「力学はすでに高校で習い，入試問題も解けるようになっている．大学ではもっと進んだ物理である量子力学などを何故すぐには教えてくれないのだろう」という失望である．けれども，大学でまず力学を教えるのにはちゃんとした理由がある．高校での物理はさまざまな法則や公式が天下り的に教えられて，その使い方を学ぶのが主だったのではないだろうか．もちろんさまざまな法則・公式が理解できていて，それを使って問題が解決できるというのは悪いことではない．しかし，それだけでは物理学の基本的立場であるところの，法則とは実験結果を再現できるように我々が見つけだしてきたものであるということ，できるだけ少数の法則ですべての現象を説明しようという精神が実感できないであろう．大学での力学では，ニュートンの

3法則という簡単な法則から出発して，エネルギー保存則，運動量保存則，角運動量保存則，落体の公式などすべてを導き出していく．本書ではさらに，力の法則も，実験事実，観測事実から導き出されるものとして導入し，天下り的に与えられたものではないことを強調している．古典力学は現代の物理の中でもっとも取り付き易いものであるので，物理学とはどのような学問であるのか，物理学ではどのような考え方をするのか，といったことを学ぶのに最適である．このために大学では初めに力学を学ぶのである．

大学の力学では高校では，物理と切り離されていた微分積分が大活躍する．もともと微分積分は力学に使うためにニュートンが発明したものだから，力学で微分積分が活躍するのは当然なのである．微積分やベクトルをはじめとする数学は物理学においては物事を記述する言語の役割をしていて，必需品である．微積分の物理への適用に慣れてもらうということも，大学での力学学習の理由である．力学で微積分に慣れることが，以後電磁気学をはじめさらに進んだ物理学を学習して行くのに必須である．そういうわけであるので,「力学？　そんなものもう知っていて，今さら習いたくないよ」などといわずに，大学での力学を学んで欲しい．本書がその際に活用されれば幸いである．

2008年2月

吉岡大二郎

# 目　　次

0 章　歴史と意義　　　　　　　　　　　　　　　　　　　　　　　　1

1 章　運動の記述　　　　　　　　　　　　　　　　　　　　　　　　3
　1.1　位置ベクトル　.................................　3
　　　1.1.1　位置座標　..............................　3
　　　1.1.2　位置ベクトル　..........................　4
　1.2　速度ベクトル　.................................　8
　　　1.2.1　速　度　................................　8
　　　1.2.2　速度の成分　............................　9
　1.3　加速度ベクトル　...............................　10
　　　1.3.1　加速度　................................　10
　　　1.3.2　接線成分と法線成分　....................　10
　1.4　ベクトルの積　.................................　12
　　　1.4.1　スカラー積　............................　12
　　　1.4.2　ベクトル積　............................　14
　　　1.4.3　3つのベクトルの積　.....................　16
　1.5　座標の回転とベクトルの変換　...................　17
　1.6　極座標　.......................................　18
　　　1.6.1　2次元極座標　...........................　19
　　　1.6.2　3次元極座標　...........................　21
　演習問題　.........................................　23

## 2章　運動法則　25

- 2.1　ニュートンの3法則 ...... 25
- 2.2　基本的な力 ...... 27
  - 2.2.1　地表近くの物体にはたらく重力 ...... 27
  - 2.2.2　万有引力 ...... 29
  - 2.2.3　その他の力 ...... 34
- 2.3　運動方程式の積分 ...... 36
- 演習問題 ...... 40

## 3章　エネルギー　43

- 3.1　仕　事 ...... 43
- 3.2　力の場 ...... 45
- 3.3　保存力 ...... 45
- 3.4　力学的エネルギー ...... 50
- 演習問題 ...... 53

## 4章　いろいろな運動　55

- 4.1　放物運動 ...... 55
- 4.2　単振動 ...... 57
- 4.3　振り子 ...... 61
- 4.4　減衰振動 ...... 64
- 4.5　一般の1次元運動 ...... 67
  - 4.5.1　$U(x)$ の極小点のまわりの微小振動 ...... 67
  - 4.5.2　束縛運動 ...... 68
- 4.6　惑星の運動 ...... 69
- 演習問題 ...... 74

## 5章　運動座標系　77

- 5.1　ガリレイ変換 ...... 77

5.2　加速座標系 ........................ 79
　　5.3　回転座標系 ........................ 79
　　演習問題 ............................. 87

## 6章　質点系　　89
　　6.1　2質点系 .......................... 89
　　6.2　一般の質点系 ...................... 92
　　　　6.2.1　運動方程式 .................. 92
　　　　6.2.2　相対運動と運動エネルギー ...... 93
　　　　6.2.3　角運動量 .................... 94
　　演習問題 ............................. 96

## 7章　剛体　　99
　　7.1　剛体と釣合い ...................... 99
　　7.2　固定軸のある剛体の運動 ............ 102
　　7.3　剛体の平面運動 ................... 107
　　7.4　一般の剛体の運動 ................. 109
　　　　7.4.1　角運動量と慣性テンソル ...... 110
　　　　7.4.2　運動エネルギー .............. 114
　　7.5　外力がない場合の運動 ............. 114
　　7.6　オイラー方程式 ................... 116
　　　　7.6.1　外力のはたらかない対称コマ .. 120
　　　　7.6.2　床の上の対称コマの運動 ...... 121
　　　　7.6.3　非対称コマの自由な運動 ...... 127
　　演習問題 ............................ 128

## 8章　解析力学　　131
　　8.1　ダランベールの原理 ............... 131
　　8.2　最小作用の原理 ................... 133

- 8.3 ラグランジュの運動方程式 ............................ 136
- 8.4 保存則 .......................................... 140
- 8.5 ハミルトンの正準運動方程式 ........................ 142
- 8.6 ポアソン括弧 .................................... 144
- 8.7 正準変換 ........................................ 147
- 8.8 ポアソン括弧の不変性 ............................. 149
- 演習問題 ........................................... 150

## 参考文献　151

## 演習問題の解答　153

## 索　引　165

# 0 章
# 歴 史 と 意 義

　物体の間にはたらく力とそれによる運動との関係を調べるのが力学 (mechanics) である．力学は，物理学のなかでもとくに基礎的な分野といえる．日常生活では，物体のさまざまな運動を経験する．また，天体や人工衛星の運動のように，地球から離れた空間での運動もある．これらを統一的に理解し，制御・予測することを可能にするのが力学である．

　運動の特別な場合として静止状態を扱い，静止を続けるための力の釣合い条件などを議論するものを静力学 (statics) といい，運動を主として議論する動力学 (kinetics) と区別することが多い．静力学はギリシャ時代以前から発達し，てこの原理などが古くから使われていた．動力学も長い歴史をもつが，近世になり初めて正しく定式化された．近代科学の典型として，力学の基礎が確立されたのは，ニュートン (I. Newton) が 1687 年に出版した『プリンキピア (Principia)』においてである [1]．ケプラー (J. Kepler) やガリレオ (Galileo Galilei) の先駆的仕事をもとに，質量や力の概念が導入され，運動の 3 法則が提出された．よって，本書で議論される力学は，しばしばニュートン力学とよばれる．また，量子力学と対比させて，古典力学 (classical mechanics) とよばれることも多い．

　18 世紀になると，力学を，ニュートンの方程式ではない別の出発点から定式化しようとする試みがなされるようになった．この流れの中で，ラグランジュ(J. L. Lagrange) は，1788 年著書『解析力学』において一般化座標を導入し，ラグランジュの運動方程式を与えて力学を大きく進展させ

た[2]．19 世紀において，解析力学 (analytical mechanics) は，ハミルトン (W. R. Hamilton) らによってさらに発展させられて，古典力学の美しい体系が完成した．

20 世紀に入り，大きな速度をもつ物体に対しては相対論的力学，微視的現象を取り扱うには量子力学，を必要とすることが明らかになった．しかし，物理学の基礎的体系として，また，巨視的諸現象の解明において，力学の重要性はまったく失われていない．

# 1章
# 運動の記述

## 1.1　位置ベクトル

### 1.1.1　位置座標

　力学は，物体間にはたらく力と，それらの物体の運動との関係を調べることを目的とする．まず，運動の数学的記述法からはじめる．運動法則とは必ずしも関係づけない，このような記述を運動学 (kinematics) という．

　物体は通常有限の大きさをもち，一般的には変形，いくつかの部分への分裂，複数の物体の融合などが起こり得る．そのような物体の多様性は，微小部分の集合と考えることによって取り扱えるので，まず分裂したりせず，変形が無視できる物体を考え，その運動を考えるのがよい．そのような理想化をした，まったく変形しない物体を剛体とよぶ．1個の剛体の運動や，その変形が複数個の剛体の集合体として理解できる物体の運動は本書で述べる力学の範囲である．一方，連続的に変形する物体や，流体は連続体力学という分野で学ぶ．

　さて，剛体には重心とよばれる点が一意的に定義でき，その運動は重心の運動と，重心のまわりの回転に分けて考えることができる．重心の運動の記述には，重心のまわりでの物体の状況は考慮する必要はないこと，さらに，物体の運動にはその質量の大きさが重要な役割を果たすことから，物体の重心運動を考える際には，物体をその全質量が重心の位置に集中した仮想的物体で置きかえて考えることが可能である．この質量をもち，大き

さをもたない仮想的物体を質点とよぶ．物体の重心と，質点が同じ運動法則に従うことは，後で明らかにされる．これからしばらく質点の運動を調べて行くことになるが，その際に質点を物体の重心と読みかえることはつねに可能である．

質点の運動は，時間とともにその位置がどのように変化するか，によって記述される．質点の位置は，空間内に設定した直交座標系における3個の座標 $x, y, z$ で指定される．したがって，時間 $t$ の関数として，

$$x = x(t), y = y(t), z = z(t) \tag{1}$$

が求められれば，運動は完全にわかったことになる．

位置座標は長さの次元をもち，単位はメートルである．1mはフランスにおいて1799年に北極から赤道までの地表に沿った長さの1千万分の1を用いて定義されたが，現在は真空中を光が1/299,792,458秒間に進む距離として定義されている．なお，1秒の正確な定義は $^{133}$Cs 原子の基底状態のある2つの超微細準位のあいだの遷移に対応する放射の9,192,631,770周期の継続時間である．

### 1.1.2　位置ベクトル

図1のように，基準点Oから質点Pの位置に矢印 $\overrightarrow{\mathrm{OP}}$ を引く．この有向線分 $\overrightarrow{\mathrm{OP}}$ を $\boldsymbol{r}$ と書いて，位置ベクトルとよぶ．位置ベクトルは大きさと方向をもつ量であり，ここで用いたように，今後太字で表すこととする．$\boldsymbol{r}$ の大きさとはいまの場合には，線分OPの長さであり，今後，細字または絶対値記号で表すことにする．すなわち，$\boldsymbol{r}$ の大きさを $r$ または，$|\boldsymbol{r}|$ と記す．位置ベクトルでは大きさは長さの次元をもつ．位置ベクトルの大きさと方向により，原点から見た点Pの位置を正しく指定することができる．今後速度 (速度ベクトル) や，加速度 (加速度ベクトル) といった，大きさと方向をもつ量が，位置ベクトル以外にもいくつも現れる．これらはやはりベクトル (vector) とよばれ，太字で表すことにする．速度は後で定義するが，

## 1.1 位置ベクトル

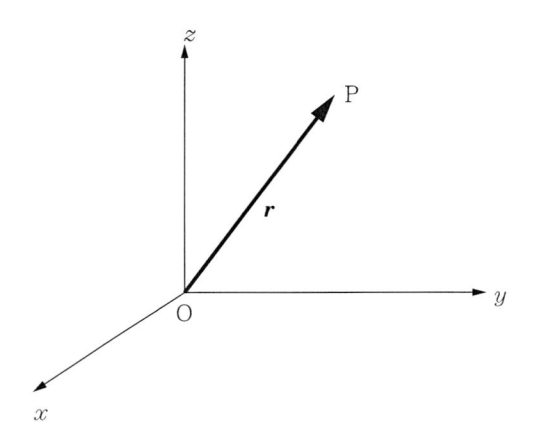

**図 1** 位置ベクトル．原点を始点とし，注目する位置 P までのベクトルを位置ベクトルという．

速度の大きさの次元は位置ベクトルの大きさの次元とは異なるので，これらは違う種類のベクトルである．違う種類のベクトルは比較することはできないが，同じ種類のベクトルどうしでは，始点がどこにあっても，その大きさと向きが同じであれば，ベクトルとして同一であるとみなす．位置ベクトルでは，矢印の始点が定まっている．とくに，このようなベクトルを，束縛ベクトルまたは固定ベクトルという．

同じ種類の 2 つのベクトルの和 (加法) を定義しよう．図 2 のように，まず任意の点 P を始点として，ベクトル $A$ を表す有向線分 $\overrightarrow{\mathrm{PQ}}$ を描き，つぎ

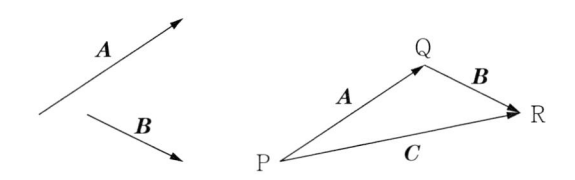

**図 2** ベクトルの和．ベクトル $A$ とベクトル $B$ の和はベクトル $C$ となる．

にその終点 Q を始点として，ベクトル $\boldsymbol{B}$ を表す有向線分 $\overrightarrow{QR}$ を描く．このとき，$\boldsymbol{A}$ の始点 P から $\boldsymbol{B}$ の終点 R へ引いた有向線分 $\overrightarrow{PR}$ が表すベクトル $\boldsymbol{C}$ を，ベクトル $\boldsymbol{A}$ と $\boldsymbol{B}$ の和と定義し，

$$\boldsymbol{A} + \boldsymbol{B} = \boldsymbol{C} \tag{2}$$

と書く．3つ以上のベクトルの和も同様で，つぎつぎに矢印の先端からつぎのベクトルを表す矢印を引いていけばよい．

つぎに，ベクトルのスカラー倍を定義する．$a$ を任意の実数とする．ベクトル $\boldsymbol{A}$ の $a$ 倍 (スカラー倍) は，

$$\boldsymbol{B} = a\boldsymbol{A} \tag{3}$$

と書かれる．$\boldsymbol{B}$ は $\boldsymbol{A}$ と平行であり，$\boldsymbol{B}$ の大きさ (長さ) は $\boldsymbol{A}$ の大きさの $|a|$ 倍で，$a > 0$ ならば $\boldsymbol{A}$ と同じ向き，$a < 0$ ならば $\boldsymbol{A}$ と逆向きを表す．

動点が，図3のように点 A から点 B まで位置を変えたとき，$\overrightarrow{AB}$ を変位ベクトルという．点 A，B の位置ベクトルをそれぞれ $\boldsymbol{r}_A$，$\boldsymbol{r}_B$，変位ベクトルを $\Delta \boldsymbol{r}$ で表すと，ベクトルの加法，式(2) を使って，

$$\boldsymbol{r}_B = \boldsymbol{r}_A + \Delta \boldsymbol{r} \tag{4}$$

あるいは，

$$\Delta \boldsymbol{r} = \boldsymbol{r}_B - \boldsymbol{r}_A \tag{5}$$

と記すことができる．位置ベクトルは変位ベクトルの一種で，とくに始点が原点であるものである．

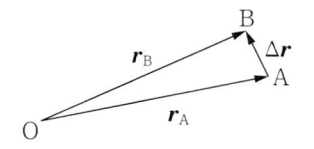

**図3** 変位ベクトル．動点が A から B まで位置を変えたとき，$\overrightarrow{AB}$ を変位ベクトルという．

## 1.1 位置ベクトル

位置ベクトル $r$ は原点を決めれば定まるものであり，たとえば，太陽の中心を原点にとって，地球の中心までのベクトルというものを考えることができる．このとき，とくに座標軸を定める必要はない．しかし，ベクトルを定量的に記述するためには，座標系を定める必要がある．基準点 O を原点として，1 つの座標系 O-$xyz$ が与えられたとき，点 P の座標が $(x, y, z)$ であれば，点 P を表す位置ベクトル $\overrightarrow{\text{OP}}$ は $\overrightarrow{\text{OP}} = r = (x, y, z)$ と表される．このベクトルを別の方法で表しておこう．$x, y, z$ 軸方向の長さ 1 のベクトル (単位ベクトルという) を導入してそれぞれを $e_x, e_y, e_z$ と記す (図 4)．この単位ベクトルを $i, j, k$ とする書き方も多い．$\overrightarrow{\text{OP}}$ を $x, y, z$ 軸に射影した $\overrightarrow{\text{OA}} = (x, 0, 0)$, $\overrightarrow{\text{OB}} = (0, y, 0)$, $\overrightarrow{\text{OC}} = (0, 0, z)$ は，スカラー倍の定義から，

$$\overrightarrow{\text{OA}} = x e_x, \quad \overrightarrow{\text{OB}} = y e_y, \quad \overrightarrow{\text{OC}} = z e_z \tag{6}$$

と書ける．また，ベクトルの加法の定義より，$\overrightarrow{\text{OP}} = \overrightarrow{\text{OA}} + \overrightarrow{\text{AD}} + \overrightarrow{\text{DP}}$ であり，$\overrightarrow{\text{AD}} = \overrightarrow{\text{OB}}, \overrightarrow{\text{DP}} = \overrightarrow{\text{OC}}$ であるから，点 P を示す位置ベクトル $r$ は

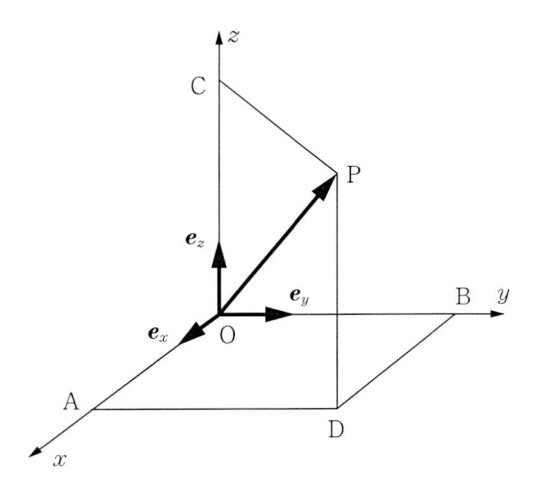

図 4　直交単位ベクトル $e_x, e_y, e_z$．$x, y, z$ 軸方向の長さ 1 のベクトル (単位ベクトルという) をそれぞれ $e_x, e_y, e_z$ と記す．

$$\boldsymbol{r} = x\boldsymbol{e}_x + y\boldsymbol{e}_y + z\boldsymbol{e}_z \tag{7}$$

と表される．その大きさは，ピタゴラスの定理によって

$$r = |\boldsymbol{r}| = \sqrt{x^2 + y^2 + z^2} \tag{8}$$

である．

## 1.2 速度ベクトル

### 1.2.1 速　　度

時刻 $t$ に A にあった質点が，$\Delta t$ の後に B にきたとする．位置ベクトル $\overrightarrow{\mathrm{OA}}, \overrightarrow{\mathrm{OB}}$ をそれぞれ $\boldsymbol{r}(t), \boldsymbol{r}(t+\Delta t)$ とし，その間の変位ベクトル $\overrightarrow{\mathrm{AB}}$ を $\Delta \boldsymbol{r}$ とする (図 5)．$\Delta t$ を無限に小さくしたときの単位時間あたりの変位ベクトルを，時間 $t$ における速度 (velocity)，または，速度ベクトルという．すなわち，速度は

$$\boldsymbol{v}(t) = \lim_{\Delta t \to 0} \frac{\boldsymbol{r}(t+\Delta t) - \boldsymbol{r}(t)}{\Delta t} = \lim_{\Delta t \to 0} \frac{\Delta \boldsymbol{r}}{\Delta t} \equiv \frac{\mathrm{d}\boldsymbol{r}}{\mathrm{d}t} \equiv \dot{\boldsymbol{r}} \tag{9}$$

であり，この式によって位置ベクトルの時間微分を定義する．なお，$\equiv$ は定義式であることを明示するときに用いる．また本書ではニュートンにならっ

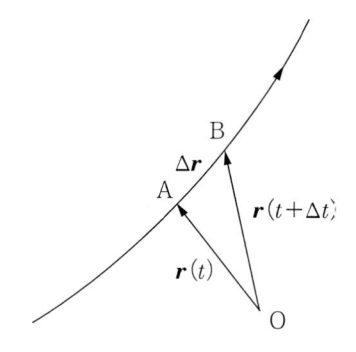

図 5　速度．質点の時間 $\Delta t$ での変位ベクトル $\Delta \boldsymbol{r}$ を $\Delta t$ で割ったもの，$\Delta t \to 0$ の極限が速度ベクトルである．

て，時間に関する導関数を文字の上につけた点で示して $\boldsymbol{v}=\dot{\boldsymbol{r}}$ とすることも多い．図5からわかるように，速度ベクトルは軌道の接線方向を向く．

速度の大きさを速さ (speed) という．再び図5をみると，$\Delta t$ が十分小さければ，A と B は接近しており，$\Delta \boldsymbol{r}$ の大きさは軌道に沿って測った A から B への道のり $\Delta s$ にほぼ等しい．速度の大きさは $\Delta s/\Delta t$ で与えられるから，速さ $v$ は

$$v = \lim_{\Delta t \to 0} \frac{\Delta s}{\Delta t} = \frac{ds}{dt} \tag{10}$$

と書くことができる．速さの次元は長さを時間で割ったもので，単位は m/s であるが，日常的には km/h などの単位も用いられる．

### 1.2.2 速度の成分

空間に固定した座標系 O-$xyz$ を定めることにより，速度を

$$\boldsymbol{v}(t) = v_x \boldsymbol{e}_x + v_y \boldsymbol{e}_y + v_z \boldsymbol{e}_z \tag{11}$$

と表すことができる．一方，式 (7)，(9) より，

$$\boldsymbol{v}(t) = \frac{d\boldsymbol{r}}{dt} = \frac{dx}{dt}\boldsymbol{e}_x + \frac{dy}{dt}\boldsymbol{e}_y + \frac{dz}{dt}\boldsymbol{e}_z \tag{12}$$

したがって，

$$v_x = \frac{dx}{dt}, \quad v_y = \frac{dy}{dt}, \quad v_z = \frac{dz}{dt} \tag{13}$$

である．このとき，速さ $v$ は

$$\begin{aligned} v &= \sqrt{v_x^2 + v_y^2 + v_z^2} \\ &= \sqrt{\left(\frac{dx}{dt}\right)^2 + \left(\frac{dy}{dt}\right)^2 + \left(\frac{dz}{dt}\right)^2} \end{aligned} \tag{14}$$

で与えられる．

## 1.3 加速度ベクトル

### 1.3.1 加 速 度

位置ベクトルの時間微分 (時間的変化率) として速度が定義されたのとまったく同様にして，速度の時間的変化率として加速度 (acceleration) が定義される．いま時刻 $t$ における速度 $\boldsymbol{v}(t)$ と，それより $\Delta t$ だけ後の時刻における速度 $\boldsymbol{v}(t+\Delta t)$ との差を $\Delta\boldsymbol{v}$ とする．これを $\Delta t$ で割って，$\Delta t \to 0$ とした極限

$$\boldsymbol{a}(t) = \lim_{\Delta t \to 0}\frac{\Delta\boldsymbol{v}}{\Delta t} = \lim_{\Delta t \to 0}\frac{\boldsymbol{v}(t+\Delta t)-\boldsymbol{v}(t)}{\Delta t} = \frac{\mathrm{d}\boldsymbol{v}}{\mathrm{d}t} \tag{15}$$

によって，時刻 $t$ における加速度を定める．式 (9) を用いると，

$$\boldsymbol{a}(t) = \frac{\mathrm{d}\boldsymbol{v}}{\mathrm{d}t} = \frac{\mathrm{d}^2\boldsymbol{r}}{\mathrm{d}t^2} \tag{16}$$

すなわち，加速度は位置ベクトルの時間 2 階微分で与えられる．式 (9) から (12) を導出したのと同じように，式 (12) をもう一度 $t$ で微分すれば，

$$\begin{aligned}\boldsymbol{a}(t) &= \frac{\mathrm{d}\boldsymbol{v}}{\mathrm{d}t} = \frac{\mathrm{d}v_x}{\mathrm{d}t}\boldsymbol{e}_x + \frac{\mathrm{d}v_y}{\mathrm{d}t}\boldsymbol{e}_y + \frac{\mathrm{d}v_z}{\mathrm{d}t}\boldsymbol{e}_z \\ &= \frac{\mathrm{d}^2 x}{\mathrm{d}t^2}\boldsymbol{e}_x + \frac{\mathrm{d}^2 y}{\mathrm{d}t^2}\boldsymbol{e}_y + \frac{\mathrm{d}^2 z}{\mathrm{d}t^2}\boldsymbol{e}_z\end{aligned} \tag{17}$$

が得られる．加速度の大きさおよび各成分の単位は $\mathrm{m/s^2}$ である．

### 1.3.2 接線成分と法線成分

速度の変化には，速さの変化と向きの変化がある．速さ $v(t)$ と軌道の接線方向の単位ベクトル $\boldsymbol{e}(t)$ を用いると，速度 $\boldsymbol{v}(t)$ は，

$$\boldsymbol{v}(t) = v(t)\,\boldsymbol{e}(t) \tag{18}$$

と表される．動点の運動とともに，$\boldsymbol{v}$ も $\boldsymbol{e}$ も時間的に変化するから，

$$\boldsymbol{a}(t) = \frac{\mathrm{d}v(t)}{\mathrm{d}t}\boldsymbol{e}(t) + v(t)\frac{\mathrm{d}\boldsymbol{e}(t)}{\mathrm{d}t} \tag{19}$$

と書かれる．右辺の第 1 項は，速さの変化による加速度を表している．その向きは速度と同じである．これを接線加速度とよび，$\boldsymbol{a}_t$ と表す．

$$\boldsymbol{a}_t \equiv \frac{\mathrm{d}v}{\mathrm{d}t}\boldsymbol{e} \tag{20}$$

つぎに，右辺第 2 項について考える．この項は，速度の向きが変化することによる加速度を表している．時刻 $t$ と $t+\Delta t$ における動点の位置を A, B とし，この 2 点における単位接線ベクトルの差を $\Delta\boldsymbol{e}$, $\boldsymbol{e}(t+\Delta t)$ と $\boldsymbol{e}(t)$ のあいだの角を $\Delta\theta$ と表す (図 6)．$\Delta\theta$ は十分小さいので

$$|\Delta\boldsymbol{e}(t)| = \Delta\theta \tag{21}$$

一方，この時間内の軌道を円で近似して，その中心 (曲率中心という) を C とすると，角 ACB は $\Delta\theta$ に等しいことがわかる．したがって，弧 AB の長さ $\Delta s$ は，曲率半径を $R$ として，

$$\Delta s = R\Delta\theta \tag{22}$$

と表される．よって，

$$\frac{|\Delta\boldsymbol{e}|}{\Delta t} = \frac{\Delta\theta}{\Delta t} = \frac{1}{R}\frac{\Delta s}{\Delta t} \tag{23}$$

上の式で $\Delta t \to 0$ の極限をとれば，式 (10) より $v = \mathrm{d}s/\mathrm{d}t$ であるから，

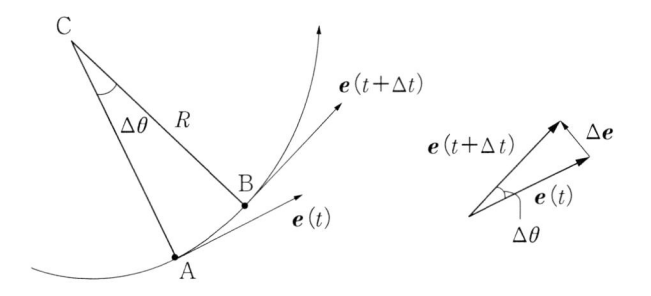

**図 6** 曲率中心 C，曲率半径 $R$．軌道の微小部分を円軌道で近似したとき，その円の中心を曲率中心，その半径を曲率半径という．

$$\left|\frac{d\boldsymbol{e}}{dt}\right| = \frac{v}{R} \tag{24}$$

が得られる．また，$\Delta t \to 0$ のとき，$\Delta \boldsymbol{e}$ は $\overrightarrow{\mathrm{AC}}$ と平行なベクトル ($\boldsymbol{e}(t)$ とは垂直) になるから，この方向の単位ベクトル (法線ベクトルという) を $\boldsymbol{n}$ として，

$$\frac{d\boldsymbol{e}}{dt} = \frac{v}{R}\boldsymbol{n} \tag{25}$$

と書くことができる．これを式 (19) の右辺第 2 項に代入し，法線加速度 $\boldsymbol{a}_n$ とよぶ．

$$\boldsymbol{a}_n \equiv v\frac{d\boldsymbol{e}}{dt} = \frac{v^2}{R}\boldsymbol{n} \tag{26}$$

すなわち，速度の向きが変化することによる加速度は，大きさが $v^2/R$ で曲率中心に向かうベクトルである．

## 1.4 ベクトルの積

ここで，2 つのベクトルの積を定義しておこう．積には 2 種類あり，どちらも以下の議論で用いられる．

### 1.4.1 スカラー積

図 7 のように 2 つのベクトル $\boldsymbol{A}$ と $\boldsymbol{B}$ があり，両者のなす角を $\theta$ とするとき，$\boldsymbol{A}$ と $\boldsymbol{B}$ のスカラー積を

$$\boldsymbol{A} \cdot \boldsymbol{B} = \boldsymbol{B} \cdot \boldsymbol{A} = |\boldsymbol{A}||\boldsymbol{B}|\cos\theta \tag{27}$$

と定義する．この定義から明らかなように，結果は座標系のとり方によらない数値，すなわちスカラー量となる．これがスカラー積の語源である．スカラー積を表す記号として，2 つのベクトルのあいだに点 $\cdot$ を書くのが約束である．スカラー積は内積とよばれることもある．一方のベクトルが単位ベクトルであるとき，たとえば $|\boldsymbol{A}| = 1$ の場合，スカラー積の結果は $\boldsymbol{A} \cdot \boldsymbol{B} = |\boldsymbol{B}|\cos\theta$ となり，ベクトル $\boldsymbol{B}$ の $\boldsymbol{A}$ 方向への射影の長さ，すなわ

図 7　ベクトルのスカラー積. 2 つのベクトル $\boldsymbol{A}$ と $\boldsymbol{B}$ のなす角を $\theta$ とするとき，スカラー積は $|\boldsymbol{A}||\boldsymbol{B}|\cos\theta$ で与えられる．

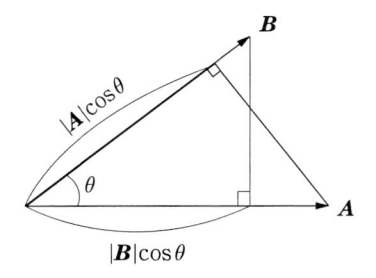

ち，$\boldsymbol{A}$ 方向の成分の大きさを表す．

　直交座標系 O-$xyz$ での各座標軸方向の単位ベクトル $\boldsymbol{e}_x, \boldsymbol{e}_y, \boldsymbol{e}_z$ を導入したが，これらのあいだのスカラー積は定義より，つぎのようになる．

$$\boldsymbol{e}_x \cdot \boldsymbol{e}_x = \boldsymbol{e}_y \cdot \boldsymbol{e}_y = \boldsymbol{e}_z \cdot \boldsymbol{e}_z = 1 \tag{28}$$

$$\boldsymbol{e}_x \cdot \boldsymbol{e}_y = \boldsymbol{e}_y \cdot \boldsymbol{e}_z = \boldsymbol{e}_z \cdot \boldsymbol{e}_x = 0 \tag{29}$$

この式と，積の分配法則を用いると，

$$\boldsymbol{A} = A_x \boldsymbol{e}_x + A_y \boldsymbol{e}_y + A_z \boldsymbol{e}_z \tag{30}$$

$$\boldsymbol{B} = B_x \boldsymbol{e}_x + B_y \boldsymbol{e}_y + B_z \boldsymbol{e}_z \tag{31}$$

のとき，

$$\boldsymbol{A} \cdot \boldsymbol{B} = A_x B_x + A_y B_y + A_z B_z \tag{32}$$

となることが示される．また，$\boldsymbol{A} \cdot \boldsymbol{A} = |\boldsymbol{A}|^2$，

$$\frac{\mathrm{d}}{\mathrm{d}t}(\boldsymbol{A} \cdot \boldsymbol{B}) = \frac{\mathrm{d}\boldsymbol{A}}{\mathrm{d}t} \cdot \boldsymbol{B} + \boldsymbol{A} \cdot \frac{\mathrm{d}\boldsymbol{B}}{\mathrm{d}t} \tag{33}$$

である．

### 1.4.2 ベクトル積

2つのベクトル $A$ と $B$ があり，両者のなす角を $\theta$ とするとき，図8に示すように，大きさが $|A||B|\sin\theta$ であり，方向は $A$ と $B$ の両方に直交する方向で，向きは $A$ を $B$ に重ねるように回転させたときに，右ねじが進む方向であるベクトルを $A$ と $B$ のベクトル積といい，$A \times B$ と書く．ベクトル積では，2つのベクトルのあいだには必ず × を用いてスカラー積と区別するのが決まりである．定義より，平行な2つのベクトルのベクトル積は0である．また，ベクトル積は2つのベクトルの順序によって符号を変えることに注意しよう．すなわち

$$A \times B = -B \times A \tag{34}$$

である．ベクトル積の結果はやはりベクトルである．ベクトル積を外積とよぶこともある．

この定義を定量的に表し，具体的な計算を実行するために，直交座標系 O-$xyz$ での各座標軸方向の単位ベクトル $e_x, e_y, e_z$ 間のベクトル積を調べよう．これらのあいだのベクトル積は定義より，つぎのようになる．

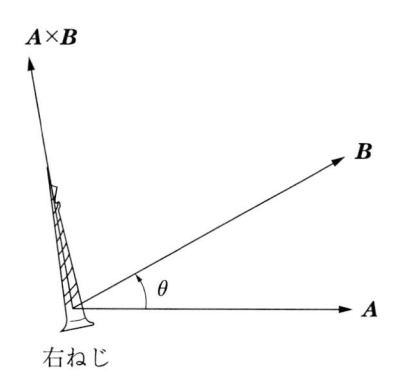

**図8** ベクトルのベクトル積．2つのベクトル $A$ と $B$ のなす角を $\theta$ とするとき，ベクトル積は大きさ $|A||B|\sin\theta$ で，$A$ と $B$ の両方に直交する方向のベクトルである．向きは $A$ を $B$ に重ねるように回転させたときに，右ねじが進む方向である．

## 1.4 ベクトルの積

$$e_x \times e_x = e_y \times e_y = e_z \times e_z = 0 \tag{35}$$

$$e_x \times e_y = -e_y \times e_x = e_z \tag{36}$$

$$e_y \times e_z = -e_z \times e_y = e_x \tag{37}$$

$$e_z \times e_x = -e_x \times e_z = e_y \tag{38}$$

ここで注意すべきことは，直交座標系 O-$xyz$ の $xyz$ 軸の方向は，単に互いに直交するだけではなく，この規則を満たすように選ばなければならないことである．図 9 に示すように，右手を広げて，薬指と小指を折り，親指，人差し指，中指を自然にすべて直交するように伸ばす．このとき，親指が $x$ 軸，人差し指が $y$ 軸，中指が $z$ 軸になるように選んだ座標系を右手系の座標系とよび，物理では必ずこの右手系を用いる．左手の 3 本の指を用いて定義した座標系 (左手系) は右手系とは鏡像の関係にあり，座標系を回転しても重ね合わせることはできない．

式 (35)～(38) に示した結果と分配法則を用いて，式 (30) と (31) の 2 つのベクトルのベクトル積は，

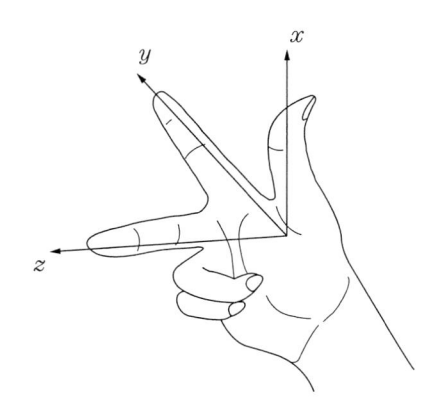

**図 9** 右手系の座標系．右手の親指，人差し指，中指を自然にすべて直交するように広げる．このとき，親指が $x$ 軸，人差し指が $y$ 軸，中指が $z$ 軸になるように選べば，右手系での $xyz$ 軸の関係になる．

$$A \times B = (A_y B_z - A_z B_y)e_x$$
$$+ (A_z B_x - A_x B_z)e_y$$
$$+ (A_x B_y - A_y B_x)e_z \qquad (39)$$

と計算される．

### 1.4.3　3つのベクトルの積

3つのベクトルの積には，結果がスカラーになるスカラー 3 重積と，結果がベクトルになるベクトル 3 重積がある．スカラー 3 重積は，2 つのベクトルのベクトル積ともう 1 つのベクトルのスカラー積であり，つぎの性質をもつ

$$A \cdot (B \times C) = C \cdot (A \times B) = B \cdot (C \times A) \qquad (40)$$

得られる値は図 10 に示された，3 つのベクトルを 3 辺としてできる平行 6 面体の体積に等しい．

ベクトル 3 重積はベクトル積のベクトル積だが，つぎのように書きなおすことができる．

$$A \times (B \times C) = (A \cdot C)B - (A \cdot B)C \qquad (41)$$

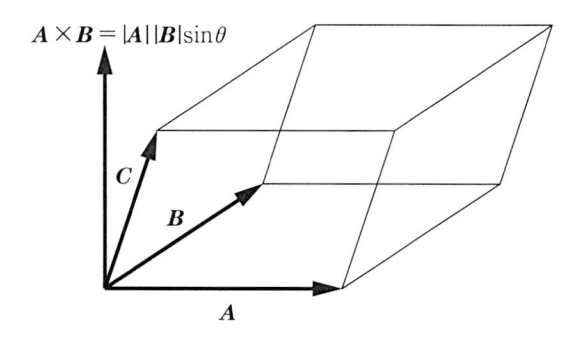

図 10　スカラー 3 重積は 3 つのベクトルでつくられる平行 6 面体の体積に等しい

すなわち，結果は $B$ と $C$ のつくる平面上のベクトルとなる．これは，$A \times (B \times C)$ は $B \times C$ に垂直なベクトルであり，一方，$B \times C$ は $B$ と $C$ のつくる平面に垂直なベクトルであることから明らかであろう．この式は回転座標系や，剛体の回転を議論するときに使われる．

## 1.5　座標の回転とベクトルの変換

直交座標系では，ベクトルは3方向の成分を表す3つの数字で書き表される．この数字は，直交座標のとり方によって異なる．ここでは，座標変換によってベクトルやそのスカラー積，ベクトル積がどのように変換されるかをまとめておこう．原点を共有する2つの直交座標系 O-$xyz$ 系と O-$\xi\eta\zeta$ 系を考えよう．前者の座標系の各軸を表す単位ベクトルを $e_x, e_y, e_z$，後者の座標系の各軸を表す単位ベクトルを $e_\xi, e_\eta, e_\zeta$ とする．あるベクトル $A$ が O-$xyz$ 系で $A = A_x e_x + A_y e_y + A_z e_z$，O-$\xi\eta\zeta$ 系で $A = A_\xi e_\xi + A_\eta e_\eta + A_\zeta e_\zeta$ と表されるとき，$(A_x, A_y, A_z)$ と $(A_\xi, A_\eta, A_\zeta)$ の関係は，2つの座標系の選び方によって一意的に定まる直交行列 $\mathsf{O}$ を用いて，

$$\begin{pmatrix} A_\xi \\ A_\eta \\ A_\zeta \end{pmatrix} = \mathsf{O} \begin{pmatrix} A_x \\ A_y \\ A_z \end{pmatrix} \tag{42}$$

と表される．$\mathsf{O}$ は直交行列であるから，${}^t\mathsf{O}$ を $\mathsf{O}$ の転置行列として，${}^t\mathsf{O}\mathsf{O} = 1$ を満たす．すなわち，クロネッカーのデルタとよばれる

$$\delta_{i,j} \equiv \begin{cases} 1 & \text{if } i = j \\ 0 & \text{if } i \neq j \end{cases} \tag{43}$$

を用いて $\mathsf{O}$ の $i$ 行 $j$ 列成分 $O_{i,j}$ は

$$\sum_{k=1}^{3} O_{k,i} O_{k,j} = \delta_{i,j} \tag{44}$$

を満たさなければならない．このことは，たとえば $e_x=(1,0,0)$ が O-$\xi\eta\zeta$ 系では $(O_{1,1}, O_{2,1}, O_{3,1})$ になることと，O-$\xi\eta\zeta$ 系でも単位ベクトル間の直交関係，式 (28), (29) が成り立たなければならないことから要請される．直交行列の行列式は 1 または $-1$ であるが，両方の座標系が右手系であれば行列式は 1 である．行列式が 1 の直交行列は特殊直交行列とよばれる．

2 つのベクトルのスカラー積を行列の積の形で表すと，

$$\boldsymbol{A}\cdot\boldsymbol{B} = (A_\xi, A_\eta, A_\zeta)\begin{pmatrix} B_\xi \\ B_\eta \\ B_\zeta \end{pmatrix}$$

$$= (A_x, A_y, A_z){}^t\mathsf{O}\mathsf{O}\begin{pmatrix} B_x \\ B_y \\ B_z \end{pmatrix}$$

$$= (A_x, A_y, A_z)\begin{pmatrix} B_x \\ B_y \\ B_z \end{pmatrix} \tag{45}$$

となるから，スカラー積が座標系のとり方に依存しないことが直接示される．また，ベクトル積 $\boldsymbol{C}=\boldsymbol{A}\times\boldsymbol{B}$ の各成分が直交行列 $\mathsf{O}$ で変換されることを示すことができる．

特殊直交行列 $\mathsf{O}$ の 9 つの成分を 2 つの座標系がなす 3 つの角で表すことができるが，その具体的な形は，7.6 節でオイラー角を用いて与えることにする．

## 1.6 極 座 標

運動の記述に極座標を用いるほうが都合がよい場合がある．そこで，極座標での速度，加速度についてまとめておこう．

## 1.6 極座標

### 1.6.1 2次元極座標

運動が1つの平面上にかぎられるとき，2次元の極座標で運動を記述できる．平面上に $xy$ 座標をとり，図 11 のように，これを極座標 $(r, \theta)$ で表す．

$$x = r\cos\theta$$
$$y = r\sin\theta \tag{46}$$

これより位置ベクトルは

$$\boldsymbol{r} = r\cos\theta \boldsymbol{e}_x + r\sin\theta \boldsymbol{e}_y \tag{47}$$

と書ける．この式の時間微分より

$$\boldsymbol{v} = (\dot{r}\cos\theta - r\dot{\theta}\sin\theta)\boldsymbol{e}_x + (\dot{r}\sin\theta + r\dot{\theta}\cos\theta)\boldsymbol{e}_y \tag{48}$$

$$\boldsymbol{a} = [(\ddot{r} - r\dot{\theta}^2)\cos\theta - (2\dot{r}\dot{\theta} + r\ddot{\theta})\sin\theta]\boldsymbol{e}_x$$
$$+ [(\ddot{r} - r\dot{\theta}^2)\sin\theta + (2\dot{r}\dot{\theta} + r\ddot{\theta})\cos\theta]\boldsymbol{e}_y \tag{49}$$

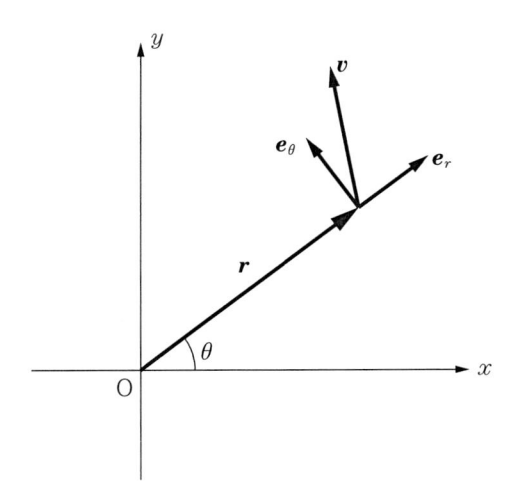

図 11 2次元極座標 $(r, \theta)$．2次元極座標では，位置ベクトルは原点からの長さ $r$ と $x$ 軸との角度 $\theta$ で与えられる．位置ベクトル $\boldsymbol{r}$ 方向の単位ベクトルを $\boldsymbol{e}_r$，これと直交するベクトルを $\boldsymbol{e}_\theta$ とする．

が得られる．これらの式は，速度と加速度の $xy$ 成分を与えているが，この形よりは，$r$ 方向 (動径方向) とそれに垂直な $\theta$ 方向 (角度方向) の成分を必要とする場合が多い．そこで，そのような形に書きなおそう．そのために，動径方向の単位ベクトル $e_r$ と角度方向の単位ベクトル $e_\theta$ を導入する．

$$e_r \equiv \frac{\partial}{\partial r}r = \cos\theta e_x + \sin\theta e_y \tag{50}$$

$$e_\theta \equiv \frac{1}{r}\frac{\partial}{\partial \theta}r = -\sin\theta e_x + \cos\theta e_y \tag{51}$$

これらを用いて $v = v_r e_r + v_\theta e_\theta$ と表せば，$v_r = v \cdot e_r$, $v_\theta = v \cdot e_\theta$ であるから，式 (48)，(50)，(51) を用いて，

$$v = \dot{r}e_r + r\dot{\theta}e_\theta \tag{52}$$

が得られる．同様にして，式 (49) より

$$a = (\ddot{r} - r\dot{\theta}^2)e_r + (2\dot{r}\dot{\theta} + r\ddot{\theta})e_\theta \tag{53}$$

である．

円周上を一定の速さで運動する等速円運動は極座標では半径 $r = R$ と $\dot{\theta}$ が一定の運動として表される．角度 $\theta$ の時間微分 $\dot{\theta}$ は角速度とよばれ，$\omega$ と記される (図 12)．すなわち，$\omega = \dot{\theta}$．いまの場合，$\dot{r} = 0$, $\ddot{\theta} = \dot{\omega} = 0$ で

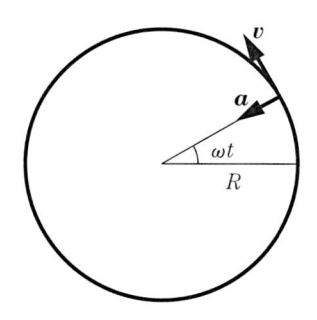

図 12 等速円運動．円周上を一定の速さで運動するものを等速円運動という．中心のまわりの角速度 $\omega$ は一定である．

あるから,

$$\boldsymbol{v} = R\omega \boldsymbol{e}_\theta \tag{54}$$

$$\boldsymbol{a} = -R\omega^2 \boldsymbol{e}_r = -\frac{v^2}{R}\boldsymbol{e}_r \tag{55}$$

で,速度ベクトルが $\boldsymbol{e}_\theta$ 方向であるのに対して,加速度ベクトルはそれに直交して,つねに中心を向いている.

### 1.6.2　3次元極座標

3次元極座標では図13のように,$(r, \theta, \phi)$ を用いて位置ベクトルを表す.直交座標との関係は,

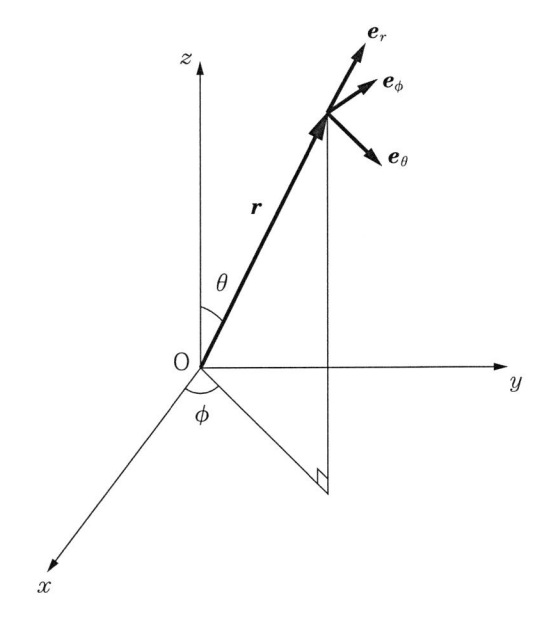

図 13　3次元極座標 $(r, \theta, \phi)$. 原点からの距離を $r$, ベクトル $\boldsymbol{r}$ の $xy$ 面への射影が $x$ 軸となす角度を $\phi$, ベクトル $\boldsymbol{r}$ と $z$ 軸のなす角度を $\theta$ とする. 直交単位ベクトル $\boldsymbol{e}_r$, $\boldsymbol{e}_\theta$, $\boldsymbol{e}_\phi$ のとり方については本文に記す.

$$x = r\sin\theta\cos\phi$$
$$y = r\sin\theta\sin\phi$$
$$z = r\cos\theta \tag{56}$$

で与えられる．すなわち，

$$\boldsymbol{r} = r\sin\theta\cos\phi\boldsymbol{e}_x + r\sin\theta\sin\phi\boldsymbol{e}_y + r\cos\theta\boldsymbol{e}_z \tag{57}$$

これより

$$\begin{aligned}\boldsymbol{v} = &(\dot{r}\sin\theta\cos\phi + r\dot{\theta}\cos\theta\cos\phi - r\dot{\phi}\sin\theta\sin\phi)\boldsymbol{e}_x \\ &+(\dot{r}\sin\theta\sin\phi + r\dot{\theta}\cos\theta\sin\phi + r\dot{\phi}\sin\theta\cos\phi)\boldsymbol{e}_y \\ &+(\dot{r}\cos\theta - r\dot{\theta}\sin\theta)\boldsymbol{e}_z \end{aligned} \tag{58}$$

ここでも動径方向と角度方向の単位ベクトルを以下のように導入する．

$$\begin{aligned}\boldsymbol{e}_r &= \frac{\partial}{\partial r}\boldsymbol{r} = \sin\theta\cos\phi\boldsymbol{e}_x + \sin\theta\sin\phi\boldsymbol{e}_y + \cos\theta\boldsymbol{e}_z \\ \boldsymbol{e}_\theta &= \frac{1}{r}\frac{\partial}{\partial \theta}\boldsymbol{r} = \cos\theta\cos\phi\boldsymbol{e}_x + \cos\theta\sin\phi\boldsymbol{e}_y - \sin\theta\boldsymbol{e}_z \\ \boldsymbol{e}_\phi &= \frac{1}{r\sin\theta}\frac{\partial}{\partial \phi}\boldsymbol{r} = -\sin\phi\boldsymbol{e}_x + \cos\phi\boldsymbol{e}_y \end{aligned} \tag{59}$$

これらの単位ベクトル $\boldsymbol{e}_r$, $\boldsymbol{e}_\theta$, $\boldsymbol{e}_\phi$ を用いると，

$$\boldsymbol{v} = \dot{r}\boldsymbol{e}_r + r\dot{\theta}\boldsymbol{e}_\theta + r\dot{\phi}\sin\theta\boldsymbol{e}_\phi \tag{60}$$

$$\begin{aligned}\boldsymbol{a} = &\left(\ddot{r} - r\dot{\theta}^2 - r\dot{\phi}^2\sin^2\theta\right)\boldsymbol{e}_r \\ &+ \left(r\ddot{\theta} + 2\dot{r}\dot{\theta} - r\dot{\phi}^2\sin\theta\cos\theta\right)\boldsymbol{e}_\theta \\ &+ \left[\left(r\ddot{\phi} + 2\dot{r}\dot{\phi}\right)\sin\theta + 2r\dot{\theta}\dot{\phi}\cos\theta\right]\boldsymbol{e}_\phi \end{aligned} \tag{61}$$

と表される．

　この章では，ベクトルを用いて質点の運動を記述した．ベクトル記法は各成分ごとの式を1つにまとめて表すことができるので便利である．しかし，力学においてベクトルを用いるのは簡明さのためだけではないことに注意しよう．

# 演 習 問 題

[1] 質点が $r(t) = r_0 + (b\cos\omega t, b\sin\omega t, ct)$ で表される運動をしている．$r_0$ は定ベクトル，$b$，$c$ と $\omega$ は定数である．
   (1) 運動の様子を図示せよ．
   (2) この運動の速度ベクトル $v(t)$ を計算し，$v(t) = v(t)e(t)$ と表すときの，$v(t)$ と $e(t)$ を求めよ．
   (3) この運動の加速度ベクトル $a(t)$ を計算し，接線加速度と法線加速度に分解せよ．
   (4) 法線加速度より，この運動の曲率半径 $R$ を求めよ．
   (5) $\omega$ を用いてベクトル $\boldsymbol{\omega} = (0,0,\omega)$ をつくる．$a(t) + v(t) \times \boldsymbol{\omega}$ を計算せよ．

[2] 2 つのベクトル $A = (1.0, 3.0, -2.0)$ と $B = (-3.0, 2.0, 1.0)$ がある．
   (1) スカラー積 $A \cdot B$ を計算し，2 つのベクトルのなす角 $\theta$ の余弦関数 $\cos\theta$ の値を求めよ．
   (2) ベクトル積 $A \times B$ を計算し，$\sin\theta$ の値を求めよ．
   (3) $\sin^2\theta + \cos^2\theta = 1$ が成り立つことを確かめよ．

[3] ベクトル $A = (a_x, a_y, a_z)$，$B = (b_x, b_y, b_z)$，$C = (c_x, c_y, c_z)$ について，
   (1) $(A \times B) \cdot A$ を計算せよ．
   (2) 両辺をそれぞれ計算することにより，
   $$A \cdot (B \times C) = C \cdot (A \times B)$$
   が成り立つことを示せ．
   (3) 両辺をそれぞれ計算することにより，
   $$A \times (B \times C) = (A \cdot C)B - (A \cdot B)C$$
   が成り立つことを示せ．

[4] 平面上を質点が運動している．その座標が 2 次元極座標 $(r, \theta)$ を用いて，$r(t) = ae^{-\gamma t}$，$\theta(t) = \omega t$ と表されるとしよう．ここで，$\gamma$ と $\omega$ は定数である．
   (1) 運動の軌跡を図示せよ．
   (2) 式 (52) により，$v(t) = \dot{r}e_r + r\dot{\theta}e_\theta$ と表せる．ここに現れる，$\dot{r}$，$e_r$，$\dot{\theta}$，$e_\theta$ はどのようになるか？ $e_r$ と $e_\theta$ は $xy$ 座標で表せ．

(3) 式 (53) に現れる，$(\ddot{r} - r\dot{\theta}^2)$ と $(2\dot{r}\dot{\theta} + r\ddot{\theta})$ を計算せよ．
(4) 運動を $xy$ 座標で表して，時間微分を行い，得られる $\bm{v}(t)$ と $\bm{a}(t)$ が (2), (3) で求めたものと等しいことを確かめよ．

# 2章
# 運 動 法 則

## 2.1 ニュートンの3法則

物体(質点)の運動は,力が加わることによって変化する.このことを実験事実に基づいて3つの法則にまとめ,力学の基礎を与えたのがニュートンである.

- ニュートンの第1法則
  力を受けない質点は,等速直線運動を行う(慣性の法則).

- ニュートンの第2法則
  質量 $m$ の質点に力 $F$ が作用すると,力の方向に加速度 $a$ を生じる.式で表すと
  $$ma = F \tag{62}$$
  である(運動方程式).

- ニュートンの第3法則
  2つの物体があり,一方の物体Aがもう一方の物体Bに力 $F$ を及ぼしている場合,物体Aは物体Bより力 $-F$ を及ぼされる(作用反作用の法則).

以上が3法則であるが,さらに詳しく内容を説明しよう.第1法則は,力というものが存在することを述べたものと考えることができる.等速直線

運動には速度ゼロの運動，すなわち静止状態も含まれている．この法則は，物体は何もしなければ同じ状態を続けるというのが自然であるということで，ここを理論構築の出発点として，運動状態の変更に必要となるものを力と定義するということである．

　力については，第2法則で定量的な定義がなされる．力学で用いる「力」という言葉はこの定義に従うものであり，日本語の「力」とは必ずしも一致しないことに注意すべきである．質量は物体に固有なスカラー量であり，第2法則に現れる，力と加速度の比例係数としての質量をとくに慣性質量とよぶこともある．単位はkgであるが，1kgは国際キログラム原器の質量であると定義されている．加速度はベクトルであるから，力もベクトルであり，大きさの単位は$\mathrm{kg\,m/s^2}$であるが，SI単位系では$\mathrm{kg\,m/s^2}$をまとめてNと書き，ニュートンとよぶ．1つの質点に複数の力がはたらく場合には方程式の右辺はそれらすべての力のベクトル和になることが実験的に確かめられている．すなわち，力は重ね合わせの法則に従う．すべての力の和がゼロになるとき，すなわち力が釣り合っているときには，質点の運動状態は変化せず，$v = 0$も含む等速度状態を続ける．図14に示すように，机上の物体が静止しているのはこれにはたらく力が釣り合っているためで

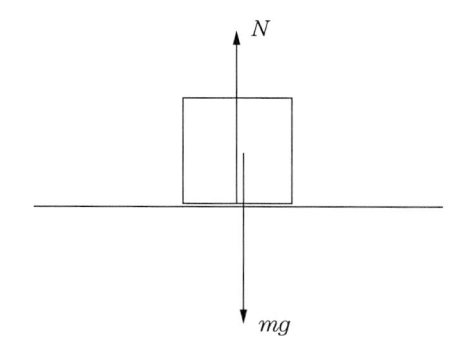

図14　力の釣合い．机上の物体では，重力$mg$と，机からの垂直抗力$N$が釣り合っている．なお，垂直抗力は机上の物体が机に及ぼす力の反作用として生じたものである．

あり，力がはたらいていないわけではない．

最後の第3法則は，力の性質に対する重要な実験事実を述べたもので，ニュートンが万有引力の法則をつくる際に重要なはたらきをしたが，1つの質点の運動に対しては直接意味をもつものではない．この法則は，質点系の力学で重要な役割をもつ．

## 2.2 基本的な力

力は第2法則で定義されるので，物体の運動を調べることによって，その物体にはたらく力を知ることができる．このようにして，どのような力がどのような状況ではたらくかがわかれば，逆に与えられた状況下での運動方程式を解くことによって物体の運動を予測することができるようになる．この節ではまず，どのような力があるのかを物体の運動に基づいて調べて行こう．

### 2.2.1 地表近くの物体にはたらく重力

空気抵抗が無視できるとき，時刻 $t=0$ に $z=0$ に保持していた物体を放すと，

$$z(t) = -\frac{1}{2}gt^2 \tag{63}$$

に従って落下することが17世紀初頭にガリレイによって明らかにされた．ただし，鉛直方向に $z$ 軸を設定し，上方を正方向とした．ここで，$g$ は物体の種類，質量などに依存しない加速度の次元をもつ量である．また，一般に $t=0$ での初期位置を $\boldsymbol{r}(0)$，初速度ベクトルを $\boldsymbol{v}(0)$ とするとき，物体の運動は

$$\boldsymbol{v}(t) = (0,0,-g)t + \boldsymbol{v}(0) \tag{64}$$

$$\boldsymbol{r}(t) = \frac{1}{2}(0,0,-g)t^2 + \boldsymbol{v}(0)t + \boldsymbol{r}(0) \tag{65}$$

となることが知られている．これらの式から加速度を計算すると

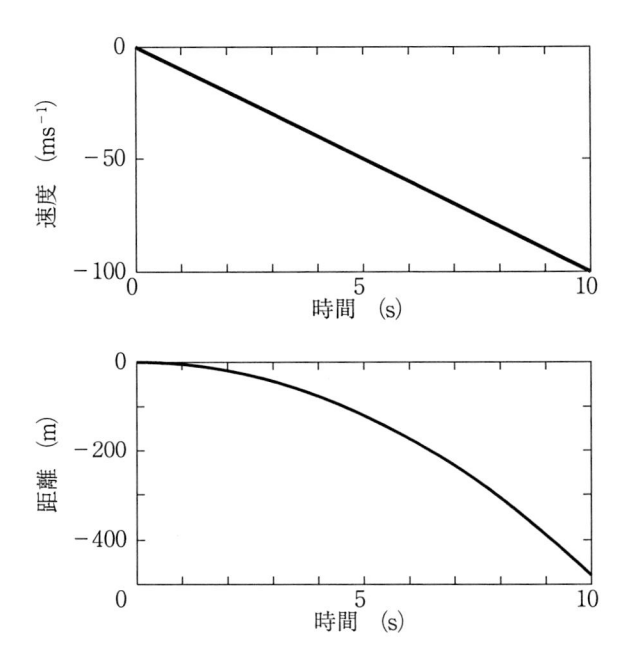

図 15 落体の運動．$t = 0$ で，$z(0) = 0$, $v_z(0) = 0$ の場合．速度は $t$ に比例して増加し，落下距離は $t^2$ に比例して増加する．

$$\boldsymbol{a} = (0, 0, -g) \tag{66}$$

となる．このことから，質量 $m$ の物体には鉛直下方向に，その物体の質量に比例する一定の力 $mg$ がはたらいていることがわかる．厳密にいえば $g$ の値は地球上の場所場所によって若干違う値をもつが，同一地点では，先に述べたように物体の種類，質量などに依存せず，ほぼ $g = 9.8 \mathrm{m/s^2}$ であり，重力加速度とよばれている．したがって，質量 $m$ kg の物体には約 $9.8 m$ N の重力がはたらくことになる．この力の大きさを $m$ kg 重と表すこともある．

### 2.2.2 万有引力

17世紀の初頭,ケプラーはティコ・ブラーエの観測事実に基づき,惑星の運動が3つの法則に従うことを見いだした.

- 各惑星は,太陽を焦点の1つとする楕円軌道上を運動する.

- 静止した太陽と運動する惑星を結ぶ動径が単位時間に通過する面積は惑星の軌道上の位置によらずに各惑星ごとに一定値をとる (面積速度一定の法則. 図16参照).

- 楕円軌道の長軸半径の3乗と周期の2乗の比は,すべての惑星で同じ値をとる.

これらをケプラーの3法則という.

ニュートンは17世紀末に,この法則から,太陽と惑星間にはたらく力を以下のようにして導いた.まず,惑星は1つの平面上を運動するので,この平面上に太陽を中心とする2次元極座標を設定する.このとき,太陽を

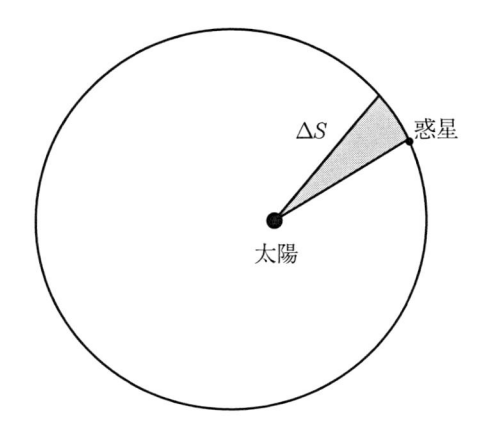

図 16 惑星の運動. 惑星は実線で示した楕円軌道上を運動し, $\Delta t$ 時間に,太陽と惑星を結ぶ線分,すなわち動径は影をつけた領域を通る.ここの面積 $\Delta S$ を $\Delta t$ で割ったものの $\Delta t \to 0$ の極限 $\lim_{\Delta t \to 0} \Delta S/\Delta t$ を面積速度という.

1 つの焦点とする楕円軌道は，つぎの式で記述される．

$$r(t) = \frac{l}{1 + e\cos\theta(t)} \tag{67}$$

ここで，$0 \leq e < 1$ は離心率とよばれる量，$l$ は

$$l = (1 - e^2)a \tag{68}$$

であり，$a$ は長軸半径である．実際，図 17 に示すように，2 つの焦点から楕円上の点 P までの距離の和を $2a$，2 つの焦点間の距離を $2ae$ とすると，

$$r + \sqrt{(r\cos\theta + 2ae)^2 + (r\sin\theta)^2} = 2a \tag{69}$$

であり，左辺第 1 項の $r$ を右辺に移行して両辺を自乗し，整理すると，

$$r = \frac{(1-e^2)a}{1 + e\cos\theta} \tag{70}$$

が得られる．

また，一定である面積速度はつぎのように与えられる．

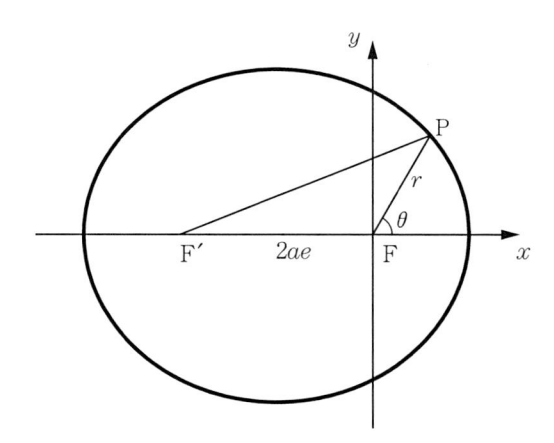

図 17　楕円．楕円の軌跡は距離 $2ea$ 離れた 2 つの焦点 F, F′ からの距離の和が一定値 $2a$ である点 P の集合として定義される．楕円を極座標で表す場合は，焦点の 1 つを原点とし，$x$ 軸を 2 つの焦点を結ぶ直線上にとる．

## 2.2 基本的な力

$$\frac{dS}{dt} = \frac{1}{2}r^2\dot{\theta} \equiv \frac{h}{2} \tag{71}$$

これらの式を用いて加速度を計算すれば，ニュートンの方程式より，惑星にはたらく力が求められる．そのためにまず，動径の時間微分を計算しよう．

$$\dot{r} = \frac{le\sin\theta\dot{\theta}}{(1+e\cos\theta)^2} = \frac{e}{l}r^2\sin\theta\frac{h}{r^2} = \frac{eh}{l}\sin\theta \tag{72}$$

ここで，面積速度の式 (71) を用いて $\dot{\theta}$ を消去した．これより動径の2階微分は

$$\ddot{r} = \frac{eh}{l}\dot{\theta}\cos\theta \tag{73}$$

と求められる．動径方向の加速度は式 (53) より

$$a_r = \ddot{r} - r\dot{\theta}^2 = \frac{eh}{l}\dot{\theta}\cos\theta - \frac{h}{r}\dot{\theta} = -\frac{h}{l}\dot{\theta} = -\frac{h^2}{l}\frac{1}{r^2} \tag{74}$$

つぎに，$\theta$ 方向の加速度を計算する．

$$a_\theta = 2\dot{r}\dot{\theta} + r\ddot{\theta} = \frac{1}{r}\frac{d}{dt}(r^2\dot{\theta}) = \frac{1}{r}\frac{d}{dt}h = 0 \tag{75}$$

以上の計算から，惑星にはたらく力は太陽の方向を向く力であり，動径方向の成分は

$$F_r = -\frac{mh^2}{l}\frac{1}{r^2} \tag{76}$$

であることがわかる．

この式に使われている，$l$ と面積速度 $h$ は惑星ごとに決まった量である．しかし，ケプラーの第3法則を用いると，この組合せ $h^2/l$ は惑星によらない量であることがわかる．そのために，まず，周期 $T$ を求めよう．これは楕円の面積 $S = \pi ab$ を面積速度で割ることで得られる．なお，$b = a\sqrt{1-e^2}$ は楕円の短軸半径である．

$$T = \frac{S}{\left(\frac{dS}{dt}\right)} = \frac{2\pi ab}{h} = \frac{2\pi a^2\sqrt{1-e^2}}{h} \tag{77}$$

これより

$$\frac{T^2}{a^3} = \frac{4\pi^2 a^4 \left(1-e^2\right)}{h^2 a^3} = \frac{4\pi^2 \left(1-e^2\right) a}{h^2} = \frac{4\pi^2 l}{h^2} \tag{78}$$

このように，$h^2/l$ はすべての惑星に共通の量である．ここで，ニュートンは自身の第3法則によれば，太陽も各惑星から力を受けるはずであり，その場合太陽と惑星は対等であるから，力の式には一方の質量のみが入るべきではなく，太陽の質量 $M$ にも比例するはずであり，太陽系の惑星に共通の $h^2/l$ が $M$ に比例するのは自然であると考え，

$$\frac{h^2}{l} = GM \tag{79}$$

として，万有引力定数 $G$ を導入した．この結果，距離 $r$ 離れた2質点 $M$ と $m$ にはたらく力は

$$F_r = -G\frac{Mm}{r^2} \tag{80}$$

と表される．

この法則がすべての質量間にはたらくとすれば，地表付近では地球による引力が支配的となり，後の節で示すように，重力加速度 $g$ は地球の質量 $M_\mathrm{e}$ と地球の半径 $R_\mathrm{e}$ を用いて，

$$g = \frac{GM_e}{R_e^2} \tag{81}$$

と表されることになる．この式が正しいことは地球のまわりの月の公転周期を計算することでたしかめることができる．月の質量を $M_\mathrm{m}$，地球の中心から月までの距離 $R_\mathrm{m}$ を約38万 km とすると，月に対する地球の引力は

$$F = -G\frac{M_\mathrm{e} M_\mathrm{m}}{R_\mathrm{m}^2} = -M_\mathrm{m} g \frac{R_\mathrm{e}^2}{R_\mathrm{m}^2} \tag{82}$$

簡単のため月の軌道を円軌道だとすると，$r$ 方向の加速度は $a_r = -R_\mathrm{m}\dot{\theta}^2$ となるから，

$$\dot{\theta}^2 = g\frac{R_\mathrm{e}^2}{R_\mathrm{m}^3} \tag{83}$$

これより周期 $T = 2\pi/\dot{\theta}$ は

$$T = 2.34 \times 10^6 \mathrm{sec} \simeq 27 \mathrm{day} \tag{84}$$

と求められ，観測と一致するのである．これによって，ニュートンはすべての質量間にはたらく万有引力の存在を確認することができた．

万有引力定数 $G$ の値は地球の質量がわかれば重力加速度 $g$ から知ることができる．金属球のあいだにはたらく万有引力を測定して $G$ を求めること，すなわち，地球の質量を求めることは，18 世紀末にキャベンディシュによって行われた．図 18 のように，細い石英の糸でつるされた金属球対に別の金属球対を近づけ，引力による糸のねじれを測定することで，微小な万有引力を初めて測定することができたのである．その後さまざまな測定から $G$ の値は

$$G = 6.673 \times 10^{-11} \mathrm{Nm^2/kg^2} \tag{85}$$

と定められている．

なお，式 (80) では質量は力の結合定数の役割をしている．すなわち，質量は万有引力の原因を与えるものである．この質量は運動方程式の加速度の係数である慣性質量と同じである必然性はない．したがって，ここでの

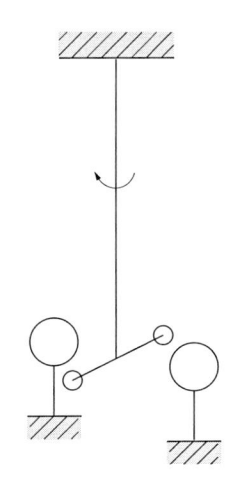

図 18 キャベンディシュの実験．固定した 2 つの金属球と，石英の糸でつるした 2 つの金属球のあいだにはたらく力を，糸のねじれによって観測した．

質量を区別して，重力質量とよぶこともある．しかし，実験的にはこの2種類の質量の違いは見いだされていないので，通常は区別せず，単に質量とよべばよい．

### 2.2.3 その他の力

ばねやゴムで，物体をつるすとある程度伸びて重力と釣り合う．このときばねやゴムからは重力 $mg$ と逆向きで，同じ大きさの力が物体にはたらいている．伸びがある程度小さい場合には，このときのばねが物体に及ぼす力とばねの伸びの長さは比例することが実験的に明らかにされている (フックの法則)．すなわち，ばねの伸びを $x$ とすると，

$$F = kx \tag{86}$$

ここでは，すでに2種類の力がはたらいている質点が静止しているときには，2つの力は逆向きで大きさが等しいということ，つまり，力は重ね合せの法則に従うことを要請しているが，この重ね合せの法則が多数の力の場合にも矛盾なく成り立つことは，たとえば図 19 のように3つのばねを用いた実験を行えば，ばねの伸びから知られる力が，ベクトルとして足し合わされてゼロになることから確認することができる．

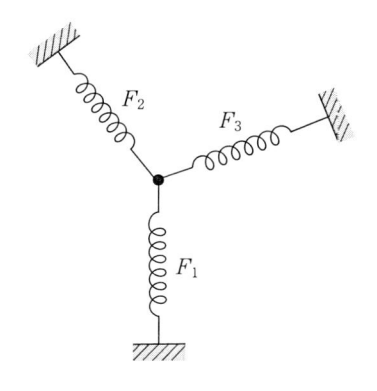

図 19  3つのばねからの力の釣合い

空気や，水の中など，流体中を運動する物体には進行方向とは反対向きの抵抗がはたらく．速度が遅い場合には，この抵抗は速度に比例して，粘性抵抗とよばれる．半径 $a$ の球が粘性係数 $\eta$ の流体中を速さ $v$ で運動するときにはたらく力の大きさは

$$f_{\rm v} = 6\pi a\eta v \tag{87}$$

速度が速い場合には，抵抗は速度の自乗に比例するようになる．この場合を慣性抵抗という．大きさは流体の密度を $\rho_0$ として，

$$f_{\rm I} = \frac{1}{4}\pi\rho_0 a^2 v^2 \tag{88}$$

である．

つぎに図 20 のように，ある物体 A が平面状の物体 B に力 $F$ で押し付けられている場合に物体 A にはたらく力を考えよう．物体 B からは A がめり込むのを防ぐために面に垂直な方向に垂直抗力 $N$ がはたらき，$F$ の垂直成分と釣り合う．接触面にはこのほかに摩擦力がはたらく．A と B が滑らないときには，$F$ の面方向の成分に釣り合う力 $f$ が AB 間にはたらくが，これを静摩擦力とよぶ．この力には最大値があり，

$$f \leq \mu_0 N \tag{89}$$

と書かれる．$\mu_0$ は静摩擦係数とよばれ，2 つの物体の材質によって決まる

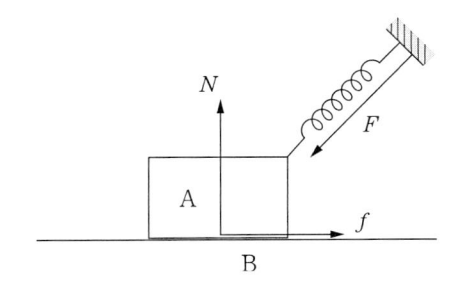

図 20 垂直抗力 $N$ と摩擦力 $f$．摩擦力は接触面積によらず，垂直抗力に比例する．

量であり，接触面の面積には依存しないことが経験上知られている (クーロン–アモントンの法則)．$\mu_0 N$ は最大静摩擦力とよばれる．

力 $F$ の面方向の成分が最大静摩擦力を超えると A は B 上を滑るが，このときはたらく摩擦力は

$$f = \mu N \qquad (90)$$

と表される．$\mu$ は動摩擦係数であり，やはり接触面積には依存しない．$\mu \leq \mu_0$ である．

力には，このほかに基本的な力として，電磁気力と，素粒子のあいだにはたらく弱い力と強い力がある．垂直抗力や摩擦力の起源は電磁気の力である．

## 2.3　運動方程式の積分

ニュートンの法則により，力が与えられたときに，質点の運動を予測することができる．これには運動方程式が用いられるが，この場合，運動方程式，$m\boldsymbol{a} = \boldsymbol{F}$ は，求めるべき質点の位置ベクトルの時間による 2 階微分の振る舞いを記述する式となる．このように，未知の，時間の関数である位置ベクトルの微分を含む方程式を微分方程式とよぶ．いまの場合には 2 階微分を含むので，2 階の微分方程式とよばれる．求めたいものが，質点の速度であれば，運動方程式は速度に対する 1 階の微分方程式ということになる．

微分方程式の解法は数学者によって詳細に研究されているが，基本的には微分の逆演算である積分を行えば解くことができる．すなわち，1 階の微分方程式は 1 回積分することができれば，解が求まり，2 階の微分方程式は 2 回積分することによって，解を求めることができる．いくつかの具体例は 4 章で示すが，初期条件などを用いずに積分する場合には，不定積分を行うことになり，積分するたびに積分定数が現れるから，一般に $n$ 階

の微分方程式の解には $n$ 個の任意定数が含まれることになる．$n$ 個の独立な任意定数を含む $n$ 階微分方程式の解は一般解とよばれるが，この解は，任意定数を適当に選ぶことにより，その微分方程式のすべての可能な解を表すことができる．力学においては，これらの任意定数は初期条件とよばれる．ある時刻での質点の位置ベクトルと速度によって，一意的に決まってしまう．今後，与えられた力に対する質点の運動を調べてゆくが，任意の力に対して運動方程式を一般的に解くことはできないので，ここでは，1回時間積分することによってわかることを述べる．具体的な力に対する運動方程式の積分は4章で議論する．

運動方程式 (62) の両辺を時刻 $t_1$ から $t_2$ まで積分しよう．左辺は

$$\int_{t_1}^{t_2} m\boldsymbol{a} \mathrm{d}t = m\boldsymbol{v}|_{t_1}^{t_2} = m\boldsymbol{v}(t_2) - m\boldsymbol{v}(t_1) \equiv \boldsymbol{p}(t_2) - \boldsymbol{p}(t_1) \tag{91}$$

ここで現れる $\boldsymbol{p} \equiv m\boldsymbol{v}$ を運動量ベクトルと定義する．この結果，

$$\boldsymbol{p}(t_2) - \boldsymbol{p}(t_1) = \int_{t_1}^{t_2} \boldsymbol{F}(t) \mathrm{d}t \tag{92}$$

であるが，右辺の力の時間積分を力積とよぶ．力積はベクトルである．この結果，「時刻 $t_1$ から $t_2$ のあいだの質点の運動量の変化は，その間に与えられた力積に等しい」ということができる．なお，このようなベクトル関数の積分を具体的に実行する場合には，直交座標系を用いて各成分に分けて計算すればよい．すなわち，

$$\boldsymbol{F}(t) = f_x(t)\boldsymbol{e}_x + f_y(t)\boldsymbol{e}_y + f_z(t)\boldsymbol{e}_z \tag{93}$$

であれば，

$$\int_{t_1}^{t_2} \boldsymbol{F}(t) \mathrm{d}t = \sum_{\alpha = x,y,z} \int_{t_1}^{t_2} f_\alpha(t) \mathrm{d}t \, \boldsymbol{e}_\alpha \tag{94}$$

である．

式 (92) によって，① 力がはたらかない質点の運動量は時間変化しないこと (運動量保存則)，② 力が時間の関数として与えられれば，運動量の変化がわかること，③ 力が一定の方向を向いていれば，その方向に垂直な方向

の運動量の成分は保存する，ことがわかる．また，力が撃力とよばれる短時間にはたらく力の場合には，力そのものを調べるよりは，力積として考えたほうが有益である．そのような場合の例としては，野球でのバッティングのときのボールの運動などがあげられる．図 21 のように，瞬間的にはたらく力に対しては，力の実際の時間変化を知る必要はなく，時間積分である力積がわかれば，それから運動量の変化がわかる．

つぎに，運動方程式の両辺に左から位置ベクトル $\boldsymbol{r}$ をかけたものの積分を考えよう．すなわち，つぎの式の時間積分を考察する．

$$m\boldsymbol{r} \times \boldsymbol{a} = \boldsymbol{r} \times \boldsymbol{F} \tag{95}$$

左辺は

$$\int_{t_1}^{t_2} m\boldsymbol{r} \times \boldsymbol{a}\,\mathrm{d}t = \int_{t_1}^{t_2} m\boldsymbol{r} \times \frac{\mathrm{d}}{\mathrm{d}t}\boldsymbol{v}\,\mathrm{d}t$$

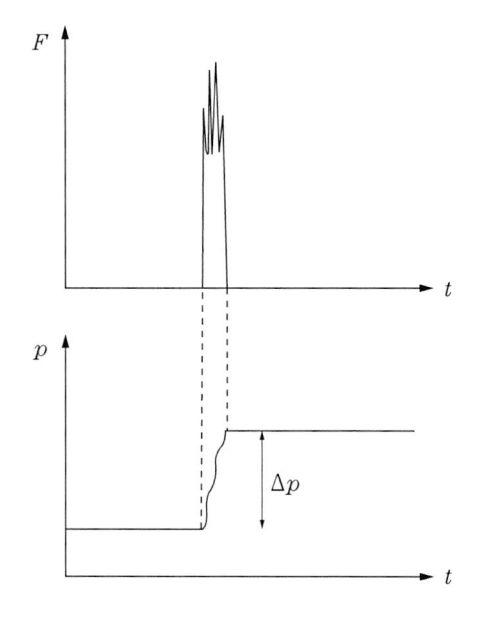

図 21  撃力と運動量の変化

## 2.3 運動方程式の積分

$$\begin{aligned}
&= [m\boldsymbol{r} \times \boldsymbol{v}]_{t_1}^{t_2} - \int_{t_1}^{t_2} m\frac{\mathrm{d}}{\mathrm{d}t}\boldsymbol{r} \times \boldsymbol{v}\mathrm{d}t \\
&= [m\boldsymbol{r} \times \boldsymbol{v}]_{t_1}^{t_2} - \int_{t_1}^{t_2} m\boldsymbol{v} \times \boldsymbol{v}\mathrm{d}t \\
&= [\boldsymbol{r} \times \boldsymbol{p}]_{t_1}^{t_2} \\
&= \boldsymbol{l}(t_2) - \boldsymbol{l}(t_1)
\end{aligned} \tag{96}$$

ここで，位置ベクトルと運動量のベクトル積で角運動量 $\boldsymbol{l} = \boldsymbol{r} \times \boldsymbol{p}$ を定義した．運動量は原点の選び方に依存しないが，角運動量は原点の選び方による量で，正確にいえば，これは原点のまわりの角運動量である．一方右辺は

$$\int_{t_1}^{t_2} \boldsymbol{r} \times \boldsymbol{F}\mathrm{d}t \tag{97}$$

であるが，$\boldsymbol{r} \times \boldsymbol{F}$ を $\boldsymbol{\tau}$ と書いて，(原点のまわりの) 力のモーメントとよぶ．したがって，角運動量は力のモーメントが加わることによって変化する．逆に，力のモーメントがゼロであれば，力がはたらいていても，角運動量は時間変化しない (角運動量保存則)．基本的な力である万有引力やクーロン力では，力の方向はつねに力の源を向いている．このように一定の中心に作用線が集中する力を中心力と定義する．したがって，中心力の性質をもつ万有引力や，クーロン力を受けて質点が運動する場合には，力の源を原点にとると，力のモーメントはゼロになり，角運動量は保存する．なお，

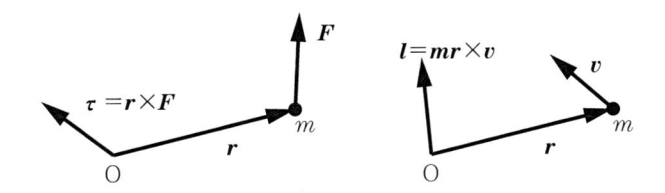

図 **22** 力のモーメントと角運動量．力のモーメント $\boldsymbol{\tau}$ は $\boldsymbol{r}$ と $\boldsymbol{F}$ のベクトル積である．角運動量は $\boldsymbol{r}$ と $\boldsymbol{p}$ のベクトル積である．

$$(\bm{r} - \bm{r}_0) \times \bm{p} \tag{98}$$

を点 $\bm{r}_0$ のまわりの角運動量という．

以上が運動方程式を 1 回積分することによってわかることである．これらの結果をさらに積分することは一般にはできない．しかし，別の形の運動方程式の積分を考えることもできる．これについての考察がつぎの章の主題である．

## 演 習 問 題

[1] 原点の近傍に特殊な力が働く領域があり，この領域内の任意の点 $\bm{R}_0 = (x_0, y_0, z_0)$ に質点を持って行き，任意の時刻 $t = t_0$ で静かに手を離すと，以後の運動はつねに下記のようになるという．

$$\bm{r}(t) = \bm{R}_0 \cos\left[\omega(t - t_0)\right]$$

この場所で質点に働く力を調べよ．

[2] 時刻 $t = 0$ に初速度 $\bm{v}_0 = (v_{0x}, 0, v_{0z})$ で質点を放出したときに，以後の運動を $\bm{r}(t) = (x(t), y(t), z(t))$ として，各成分を記すと下記のようであった．ただし，$k, g$ は定数，$\mathrm{e} = 2.718\cdots$ は自然対数の底である．

$$x(t) = \frac{1}{k} v_{0x} \left(1 - \mathrm{e}^{-kt}\right)$$
$$y(t) = 0$$
$$z(t) = -\frac{g}{k} t + \frac{1}{k}\left(v_{0z} + \frac{g}{k}\right)\left(1 - \mathrm{e}^{-kt}\right)$$

(1) 速度と加速度を計算し，力がどのようなものであれば合理的か調べよ．
(2) $kt \ll 1$ のとき，$\mathrm{e}^{-kt}$ に対して，2 次までのテイラー展開を行い，この近似で $x(t), z(t)$ がどのように表せるかを調べよ．
(3) $t = \infty$ での運動の様子を調べよ．

[3] (1) 万有引力定数 $G = 6.673 \times 10^{-11} \mathrm{N \ m^2/kg^2}$，重力加速度 $g = 9.8 \mathrm{m/s^2}$，赤道から北極までが 1 万 km，以上の数値のみを用いて，地球の質量は何 kg であるか計算せよ．

(2) 地球と太陽の間の平均距離を1天文単位距離といい，これは $A = 1.496 \times 10^{11}$ m である．地球の公転軌道が円軌道であるとして，(1) での数値，この $A$ の値と，地球の公転周期が約1年であることを用いて太陽の質量を計算せよ．まず，kg で求め，つぎに地球の質量との比を計算せよ．

(3) これまでの結果を用いて，太陽が地上の 1kg の物体に及ぼす力の大きさを求めよ．

[4] $xy$ 面上を運動する質点の角運動量 $l$ は $z$ 成分のみ有限である．$xy$ 面に設定した2次元極座標を用いて $l_z$ を表せ．

# 3章
# エネルギー

## 3.1 仕　　事

運動方程式の両辺と速度ベクトルのスカラー積を考えよう．

$$m\bm{v}\cdot\bm{a} = \bm{F}\cdot\bm{v} \tag{99}$$

ここで運動エネルギー

$$K \equiv \frac{1}{2}m\bm{v}\cdot\bm{v} = \frac{1}{2}mv^2 \tag{100}$$

を定義すると，左辺はこの運動エネルギーの時間微分に等しい．すなわち，

$$\frac{\mathrm{d}}{\mathrm{d}t}K = m\bm{v}\cdot\frac{\mathrm{d}}{\mathrm{d}t}\bm{v} = m\bm{v}\cdot\bm{a} \tag{101}$$

そこで，式 (99) の両辺を時間について $t_\mathrm{i}$ から $t_\mathrm{f}$ まで積分すると，左辺は

$$\int_{t_\mathrm{i}}^{t_\mathrm{f}} \frac{\mathrm{d}}{\mathrm{d}t}K\,\mathrm{d}t = K(t_\mathrm{f}) - K(t_\mathrm{i}) \tag{102}$$

となる．一方右辺は

$$\int_{t_\mathrm{i}}^{t_\mathrm{f}} \bm{F}\cdot\bm{v}\,\mathrm{d}t = \int_{t_\mathrm{i}}^{t_\mathrm{f}} \bm{F}\cdot\frac{\mathrm{d}\bm{r}}{\mathrm{d}t}\,\mathrm{d}t \tag{103}$$

であるが，この時間積分はつぎのようにして質点の運動経路に沿った積分，すなわち線積分に書き直すことができる．まず，積分の定義に戻って積分区間を $t_\mathrm{i} \equiv t_0 < t_1 < t_2 < ... < t_N \equiv t_\mathrm{f}$ と $N$ 分割する．積分は各区間 $\Delta t_j \equiv t_j - t_{j-1}$ を無限小にして，無限個の区間に分割したときの極限である．位置ベクトルの時間微分の式 (9) を思いだして変形すると，

$$\int_{t_\mathrm{i}}^{t_\mathrm{f}} \boldsymbol{F} \cdot \frac{\mathrm{d}\boldsymbol{r}}{\mathrm{d}t}\mathrm{d}t = \lim_{\Delta t_j \to 0} \sum_j \boldsymbol{F}(t_j)\frac{\mathrm{d}\boldsymbol{r}(t_j)}{\mathrm{d}t}\Delta t_j$$

$$= \lim_{\Delta t_j \to 0} \sum_j \boldsymbol{F}(t_j) \cdot (\boldsymbol{r}(t_{j+1}) - \boldsymbol{r}(t_j))$$

$$= \lim_{\Delta r_j \to 0} \sum_j \boldsymbol{F}(\boldsymbol{r}(t_j)) \cdot \Delta \boldsymbol{r}_j \tag{104}$$

ここで，$\Delta \boldsymbol{r}_j \equiv \boldsymbol{r}(t_{j+1}) - \boldsymbol{r}(t_j)$ である．最後の式は図 23 のように質点の経路を微小区間 $\Delta \boldsymbol{r}_j$ に分割し，各区間でそこでの力と微小な変位ベクトルとのスカラー積をつくり，これを全経路で足し合わせることを意味する．この操作を

$$\lim_{\Delta r_j \to 0} \sum_j \boldsymbol{F}(\boldsymbol{r}(t_j)) \cdot \Delta \boldsymbol{r}_j \equiv \int_{\boldsymbol{r}(t_\mathrm{i})}^{\boldsymbol{r}(t_\mathrm{f})} \boldsymbol{F} \cdot \mathrm{d}\boldsymbol{r} \tag{105}$$

と書いて線積分を定義する．物理学では，この線積分の結果を質点が位置 $\boldsymbol{r}(t_\mathrm{i})$ から $\boldsymbol{r}(t_\mathrm{f})$ に移動するあいだに力 $\boldsymbol{F}$ が行った仕事とよぶ．仕事は記号 $W$ で表す．すなわち，

$$W = \int_{\boldsymbol{r}(t_\mathrm{i})}^{\boldsymbol{r}(t_\mathrm{f})} \boldsymbol{F} \cdot \mathrm{d}\boldsymbol{r} \tag{106}$$

物理学での「仕事」と日常生活での「仕事」は必ずしも一致しないことに注意しよう．なお，流体からの抵抗力のように，質点の速度に依存する力

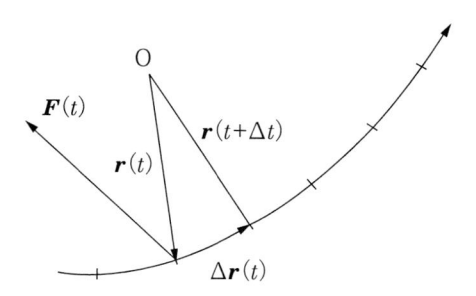

図 23 線積分と仕事．仕事を与える線積分は質点の軌跡を微小区間 $\Delta \boldsymbol{r}(t)$ に分割し，各区間で $\Delta \boldsymbol{r}(t)$ と $\boldsymbol{F}(t)$ のスカラー積をつくったものを足し合わせたものである．

もあるから，仕事は一般には出発点と到着点の位置ベクトルと，この間質点がどのような経路を，どのような速度でたどったかによって決まる量である．ここまでをまとめると，「質点の運動量の変化分は与えられた力積に等しい」のに対して，「運動エネルギーの変化分は与えられた仕事に等しい」ということが明らかになった．

## 3.2　力　の　場

　質点にはたらく力は，一般には質点の位置ベクトル，質点の速度，時間に依存する．力が速度に依存せず，位置と時刻のみに依存するとき，すなわち，$\boldsymbol{F}$ が $\boldsymbol{r}$ と $t$ の関数であるとき，質点が存在しなくても時空にはすでに質点に力を及ぼす何物かが存在すると考えて，力の場があるという．力の場が時間にも依存せずに，空間座標のみに依存する場合，これを定常的な力の場とよぶ．定常的な力の場においては式 (106) から明らかなように，質点が 2 点間を移動するときの仕事は始点，終点および経路のみで決まり，途中の速度には依存しない．

　なお，力の場は架空のものではなく，質量，電荷などをその原因とするある種の真空のひずみとして実在し，他の質量，電荷などへの力はこの力の場の作用によって生ずるというのが，現代物理学の立場である．

## 3.3　保　存　力

　定常的な力の場で質点が 2 点間を移動するときの仕事が始点，終点以外に途中の経路に依存するか否かは力の種類によって決まっている．たとえば，万有引力の場合には，始点と終点をどのように選んでも，仕事は始点と終点の位置ベクトルのみで決まり，途中の経路によらない．このような性質をもつ力の場を保存力と定義する．すなわち，万有引力は保存力の一種である．

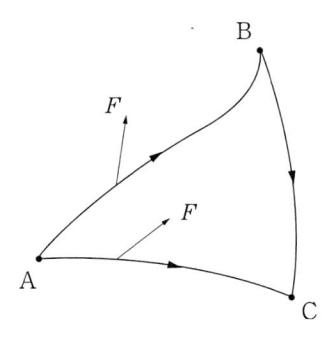

**図 24** 保存力ではAからBまでの仕事$W_{AB}$とBからCまでの仕事$W_{BC}$の和は別の任意の経路に沿ったAからCまでの仕事$W_{AC}$に等しい.

　力が保存力の性質をもつのであれば，質点が1本の閉じた経路に沿って運動し，始点に戻ってくる場合，その間の仕事はゼロである．なぜならば，このときの仕事は，まったく物体が移動しないという経路での仕事と等しく，そのときは明らかに$W = 0$だからである．逆に力の場が保存力であるための必要十分条件は，任意の閉じた経路での仕事がゼロになることである．

　万有引力は保存力であるが，この力や，その他の力が保存力であるかどうかを調べるのに，あらゆる経路での仕事をすべて調べて確かめるのは不可能である．そこで，保存力の必要十分条件を，一般的な空間の一点での力の微分で与える手法を説明しよう．保存力であるためには，任意の閉曲線に沿っての仕事の線積分が0である必要がある．いま，閉曲線で囲まれた面を微小な曲面に分割し，すべての微小曲面のへりに沿った線積分の総和を考えよう．図25に示すように，微小な面のまわりの線積分の和は，隣りあった微小曲面での線積分が，$\Delta r$が逆向きであるために打ち消し合うので，残るのは一番外側のへりに沿った部分のみであり，総和は本来の閉曲線に沿っての線積分に等しい．しかし，順序を変えて，各微小曲面での積分を実行してから和をとったらどうだろうか？そのことをみるために，

3.3 保存力

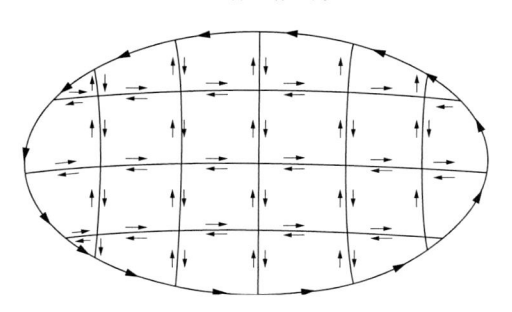

**図 25** ストークスの定理．閉曲線に沿っての線積分は閉曲線で囲まれた面を微小な面に分割し，それぞれの面のまわりの線積分の和に書き直せる．

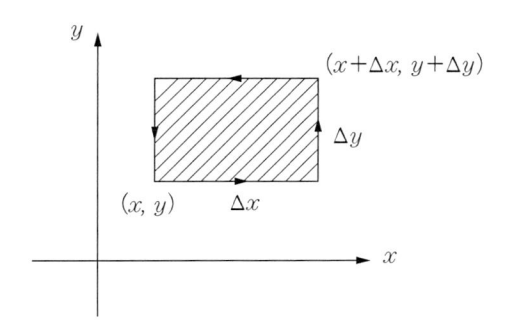

**図 26** 1つの微小面での線積分

まず1つの微小な面での積分を計算しよう．面の分割はある程度任意にできるから，この面は長方形であるとしてもよい．この面が $xy$ 面になるように，図 26 のように座標系を設定する．このときのこの面の周囲での線積分を計算しよう．まず，点 $(x,y,0)$ から点 $(x+\mathrm{d}x,y,0)$ までの積分を考えると，このとき $\mathrm{d}\boldsymbol{r} = (x+\mathrm{d}x,y,0) - (x,y,0) = (\mathrm{d}x,0,0)$ であるから，$\boldsymbol{F}(x,y,0)\cdot\mathrm{d}\boldsymbol{r} = F_x(x,y,0)\mathrm{d}x$ とすることができる．同様のことを残り3辺についても考える．その結果を $z$ 座標を省略して書くと

$$\oint_c \boldsymbol{F}\cdot\mathrm{d}\boldsymbol{r} = \int_x^{x+\mathrm{d}x} F_x(x,y)\mathrm{d}x + \int_y^{y+\mathrm{d}y} F_y(x+\mathrm{d}x,y)\,\mathrm{d}y$$

$$+ \int_{x+dx}^{x} F_x(x, y+dy)\,dx + \int_{y+dy}^{y} F_y(x, y)\,dy \tag{107}$$

が得られる．なお，この式の左辺で積分記号に丸印が付けられているが，これは，閉曲線 $c$ (今の場合は微小面のへり) に沿っての線積分を行うという記号である．閉曲線の場合，積分の上限と下限を指定しても仕方がないからである．さて，この式を $x$ 積分と $y$ 積分にまとめなおして，さらに，被積分関数を $dx$, $dy$ についてテイラー展開し，$dx$, $dy$ の1次まで残すと，

$$\begin{aligned}
\oint \boldsymbol{F}\cdot d\boldsymbol{r} &= \int_x^{x+dx}[F_x(x,y) - F_x(x,y+dy)]dx \\
&\quad + \int_y^{y+dy}[F_y(x+dx,y) - F_y(x,y)]dy \\
&= -\frac{\partial F_x}{\partial y}dxdy + \frac{\partial F_y}{\partial x}dxdy \\
&= \left(\frac{\partial F_y}{\partial x} - \frac{\partial F_x}{\partial y}\right)dxdy
\end{aligned} \tag{108}$$

が得られる．なお，3行目を得るのに，$dx$, $dy$ は小さいので，積分区間では $\partial F_x/\partial y$, $\partial F_y/\partial x$ の変化は小さく，区間の端の点での値で近似できることを用いた．また，偏微分 $\partial F(x,y,z)/\partial x$ は変数 $y$, $z$ を定数とみなして普通に $x$ で微分することを意味する．この結果得られた式 (108) は微小曲面が $xy$ 面上にあるときのものだが，一般の場合を扱うために，ここでナブラとよばれる微分記号を導入しよう．

$$\nabla \equiv \left(\frac{\partial}{\partial x}, \frac{\partial}{\partial y}, \frac{\partial}{\partial z}\right) \tag{109}$$

この $\nabla$ は座標回転に対してベクトルのように振る舞うので，あたかもベクトルのように取り扱うことができる演算子である．この記号を用いると，最後の式はつぎのように書き表せる．

$$\begin{aligned}
\oint_c \boldsymbol{F}\cdot d\boldsymbol{r} &= (\nabla\times\boldsymbol{F})_z\,dS \\
&= (\nabla\times\boldsymbol{F})\cdot d\boldsymbol{S}
\end{aligned} \tag{110}$$

## 3.3 保存力

ここで，$dS \equiv dxdy$ は微小面の面積，$d\boldsymbol{S}$ は $dS$ の大きさをもち，面の法線方向を向いたベクトルで，いまの場合は $z$ 軸方向を向いている．なお，法線の正の方向は線積分の経路方向に右ねじをまわしたときにねじが進む方向として定義される．$\nabla \times \boldsymbol{F}$ はベクトルとして振る舞い，$\mathrm{rot}\boldsymbol{F}$ とも書かれる．各成分は

$$\nabla \times \boldsymbol{F} = \mathrm{rot}\boldsymbol{F}$$
$$= \left(\frac{\partial F_z}{\partial y} - \frac{\partial F_y}{\partial z}\right)\boldsymbol{e}_x + \left(\frac{\partial F_x}{\partial z} - \frac{\partial F_z}{\partial x}\right)\boldsymbol{e}_y$$
$$+ \left(\frac{\partial F_y}{\partial x} - \frac{\partial F_x}{\partial y}\right)\boldsymbol{e}_z \tag{111}$$

である．微小面での積分を式 (110) の 2 行目のようにベクトルのスカラー積の形に書いた場合，これは座標系の選び方によらない．

ここまでの段階でわかったことは，微小曲面の周囲での線積分の結果が，その微小曲面の面積とベクトル $\nabla \times \boldsymbol{F}$ の面の法線成分の積で与えられるということである．つぎの段階で必要なことは，各微小曲面での積分結果を足し合わせて，本来の線積分の値を求めることである．ここで，普通の積分が，積分区間を微小区間に分け，各微小区間での関数の値と，微小区間の幅の積を足し合わせることで定義されることを思い出すと，いまの，閉曲線で囲まれた面を微小曲面に分割し，各微小曲面での関数の値，$\nabla \times \boldsymbol{F}$ の面の法線成分，と微小曲面の面積をかけて足し合わせるということが基本的に同じ操作であることに気がつくであろう．そこで，この微小曲面にわたる総和を面積分と定義することにする．この結果，閉曲線 $C$ に沿った線積分は閉曲線で囲まれた曲面 $S$ 上での面積分で書き表せることが明らかになった．すなわち，

$$\oint_C \boldsymbol{F} \cdot d\boldsymbol{r} = \int_S (\nabla \times \boldsymbol{F}) \cdot d\boldsymbol{S} \tag{112}$$

この関係式は，ストークスの定理とよばれていて，力の場にかぎらず，任意の微分可能なベクトル関数，すなわち場について成り立つ定理である．こ

の結果は，$\oint \boldsymbol{F}\cdot d\boldsymbol{r}=0$ が任意の閉曲線に対して成り立つためには，空間の各点で $\nabla\times\boldsymbol{F}=\mathrm{rot}\boldsymbol{F}=0$ であればよいことを示している．すなわち，力の場が保存力であるために必要十分条件は $\mathrm{rot}\boldsymbol{F}=0$ であることがわかった．

場所に依存しない重力場 $\boldsymbol{F}=m(0,0,-g)$ が保存力であることは明らかであるが，万有引力の場

$$\boldsymbol{F}(\boldsymbol{r})=-G\frac{Mm}{r^3}\boldsymbol{r} \tag{113}$$

が保存力であることも $\mathrm{rot}\boldsymbol{F}$ の計算から容易に示すことができる．

### 3.4 力学的エネルギー

保存力の場に対し，適当な原点 $\boldsymbol{r}_\mathrm{O}$ を選ぶ．任意の点 $\boldsymbol{r}_\mathrm{A}$ からその原点まで質点を動かすときの仕事は経路によらず，位置 $\boldsymbol{r}_\mathrm{A}$ のみで決まるので，その仕事の値を点 $\boldsymbol{r}_\mathrm{A}$ のポテンシャルエネルギーとよび，$U(\boldsymbol{r}_\mathrm{A})$ と書く．すなわち

$$U(\boldsymbol{r}_\mathrm{A})\equiv\int_{\boldsymbol{r}_\mathrm{A}}^{\boldsymbol{r}_\mathrm{O}}\boldsymbol{F}\cdot d\boldsymbol{r} \tag{114}$$

このとき，位置 $\boldsymbol{r}_\mathrm{A}$ から位置 $\boldsymbol{r}_\mathrm{B}$ までの仕事は原点を経由することにより，つぎのように求められる．

$$\begin{aligned}\int_{\boldsymbol{r}_\mathrm{A}}^{\boldsymbol{r}_\mathrm{B}}\boldsymbol{F}\cdot d\boldsymbol{r}&=\int_{\boldsymbol{r}_\mathrm{A}}^{\boldsymbol{r}_\mathrm{O}}\boldsymbol{F}\cdot d\boldsymbol{r}+\int_{\boldsymbol{r}_\mathrm{O}}^{\boldsymbol{r}_\mathrm{B}}\boldsymbol{F}\cdot d\boldsymbol{r}\\ &=U(\boldsymbol{r}_\mathrm{A})-U(\boldsymbol{r}_\mathrm{B})\end{aligned} \tag{115}$$

すなわち，任意の 2 点間を質点が移動するときに力 $\boldsymbol{F}$ が行う仕事は，ポテンシャルエネルギーの差で表すことができる．

時刻 $t_1$ に点 $\boldsymbol{r}_\mathrm{A}\equiv\boldsymbol{r}(t_1)$ にあった質点がこの力の場の下で時刻 $t_2$ に点 $\boldsymbol{r}_\mathrm{B}\equiv\boldsymbol{r}(t_2)$ に移動したとすると，この間の運動エネルギーの変化は，この間にはたらいた仕事に等しいから，

$$K(t_2)-K(t_1)=U(\boldsymbol{r}(t_1))-U(\boldsymbol{r}(t_2)) \tag{116}$$

3.4 力学的エネルギー　　　51

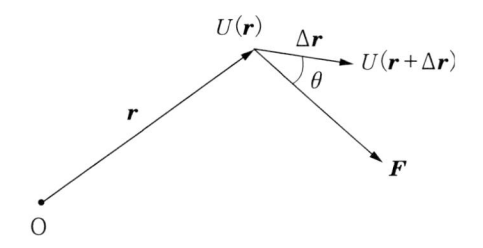

**図 27** ポテンシャルエネルギー $U(r)$ と力 $F(r)$ の関係. $U(r+\Delta r) = U(r) - |F| \cdot |\Delta r| \cos\theta$ であるから, $\Delta r$ と $F$ が平行のときに $U$ の変化率は最大である. 逆に, 力 $F$ は $U$ の最大傾斜方向の変化率 $-\mathrm{grad} U$ で与えられる.

であり, 移項すると

$$K(t_2) + U(r(t_2)) = K(t_1) + U(r(t_1)) \tag{117}$$

が成り立つ. 時刻 $t_1$ と $t_2$ は任意に選べるから, 任意の時刻での運動エネルギーとポテンシャルエネルギーの和 $E \equiv K(t) + U(r(t))$ は時間によらない. この和は力学的エネルギーとよばれる. すなわち, 保存力の場合には力学的エネルギーが保存する. 保存力という名前はこの保存則に由来する. この保存則は保存力のもとでの運動方程式を解く際にたいへん有用である.

　保存力の場が与えられれば, ポテンシャルエネルギーは計算できる. 逆にポテンシャルエネルギーが与えられれば, 力の場を求めることができる. ここで, ポテンシャルエネルギーから力を求める処方箋を書いておこう. 微小変位 $r$ と $r + dr$ のあいだのポテンシャルエネルギーの差は定義式 (114) より

$$\begin{aligned} U(r) - U(r+dr) &= \int_{r}^{r+dr} F \cdot dr \\ &= F \cdot dr \end{aligned} \tag{118}$$

である. 一方左辺をテイラー展開すると

$$\begin{aligned}
U(\boldsymbol{r}) &- U(\boldsymbol{r}+\mathrm{d}\boldsymbol{r}) \\
&= U(x,y,z) - U(x+\mathrm{d}x, y+\mathrm{d}y, z+\mathrm{d}z) \\
&= -\frac{\partial U}{\partial x}\mathrm{d}x - \frac{\partial U}{\partial y}\mathrm{d}y - \frac{\partial U}{\partial z}\mathrm{d}z \\
&= -\left(\frac{\partial}{\partial x}, \frac{\partial}{\partial y}, \frac{\partial}{\partial z}\right) U \cdot (\mathrm{d}x, \mathrm{d}y, \mathrm{d}z) \\
&= -\nabla U \cdot \mathrm{d}\boldsymbol{r} \\
&\equiv -\mathrm{grad}U \cdot \mathrm{d}\boldsymbol{r}
\end{aligned} \tag{119}$$

d$\boldsymbol{r}$ の方向は任意であるから，式 (118) と (119) が等しいためには，

$$\boldsymbol{F} = -\nabla U \equiv -\mathrm{grad}U \tag{120}$$

でなければならない．この式がポテンシャルエネルギーから力を導く式である．

なお，最後に示したように，一般にナブラ $\nabla$ をスカラー関数 $f$ に作用させると，ベクトル関数が得られるが，この積は $\nabla f \equiv \mathrm{grad}f$ とも書かれる．すなわち，ナブラは作用する相手によって別名をもつ．ちなみにナブラとベクトル関数 $\boldsymbol{F}$ のスカラー積は $\nabla \cdot \boldsymbol{F} = \mathrm{div}\boldsymbol{F}$ とも書かれる．grad は勾配 (gradient) を意味している．$\boldsymbol{r}$ を中心にして，半径 d$\boldsymbol{r}$ の球面上での中心とのポテンシャルエネルギーの差 $U(\boldsymbol{r}) - U(\boldsymbol{r}+\mathrm{d}\boldsymbol{r})$ は d$\boldsymbol{r}$ が $\mathrm{grad}U = -\boldsymbol{F}$ の方向に平行の場合に最大値と最小値をとる．すなわち，ポテンシャルエネルギーの変化が最大の方向が grad $U$ の方向であり，それが力の方向である．

保存力の条件 $\mathrm{rot}\boldsymbol{F} = 0$ に $\boldsymbol{F} = -\mathrm{grad}\,U$ を代入すると，$\mathrm{rot}(\mathrm{grad}\,U) = \nabla \times (\nabla U) = 0$ が得られるが，これは任意の微分可能な座標の関数 $U(\boldsymbol{r})$ に対して成り立つ恒等式であり，容易に証明できる．

## 演 習 問 題

[**1**] 定常的な力の場による仕事を計算してみよう．力を $\boldsymbol{F} = -k\boldsymbol{r}$ とする．$k$ は定数，$\boldsymbol{r}$ は力を受ける質点の位置座標である．
  (1) この力を受けて，質点が原点から点 A=$(R,0,0)$ まで $x$ 軸上を移動するときの仕事を計算せよ．移動中の質点の位置が $\boldsymbol{r} = (x,0,0),\ (0 \leq x \leq R)$ であることを用いて計算するとよい．
  (2) この力を受けて，質点が点 A=$(R,0,0)$ から点 B=$(0,R,0)$ まで原点を中心とする半径 $R$ の円周上を移動するときの仕事を計算せよ．
  (3) この力を受けて，質点が点 A=$(R,0,0)$ から点 B=$(0,R,0)$ まで真っ直ぐに移動するときの仕事を計算せよ．この移動中の質点の位置は，パラメータ $0 \leq s \leq 1$ を用いて $\boldsymbol{r} = (R,0,0) + (-R,R,0)s$ と表せることを用いて計算するとよい．

[**2**] ポテンシャルエネルギーが
$$U(\boldsymbol{r}) = \frac{1}{2}kr^2 = \frac{1}{2}k(x^2 + y^2 + z^2)$$
であるとする．$k$ は定数である．
  (1) $U(\boldsymbol{r})$ が一定値をとる，等ポテンシャル面はどのようなものか？
  (2) $\boldsymbol{F}(\boldsymbol{r}) = -\nabla U(\boldsymbol{r})$ を計算し，この力が等ポテンシャル面と直交することを確かめよ．ただし，$\nabla = (\partial/\partial x, \partial/\partial y, \partial/\partial z)$，式 (109)，である．

[**3**] $U(\boldsymbol{r}) = -kxy$ とする．$k$ は定数である．
  (1) $U(\boldsymbol{r}) = -k$ である等ポテンシャル面と，$z=0$ の面の交線，つまり，$xy$ 面上での等ポテンシャル面の様子を図示せよ．
  (2) $\boldsymbol{F}(\boldsymbol{r}) = -\nabla U(\boldsymbol{r})$ を計算し，$\boldsymbol{r}_1 = (1,1,0)$, $\boldsymbol{r}_2 = (-1/2,-2,0)$, $\boldsymbol{r}_3 = (3,1/3,0)$ での $\boldsymbol{F}$ を (1) で描いた図中に書き入れよ．

[**4**] $U(\boldsymbol{r}) = -k/r$ について，$\boldsymbol{F} = -\nabla U(\boldsymbol{r})$ を計算せよ．ただし，$k$ は定数，$r = |\boldsymbol{r}|$ である．

# 4章
# いろいろな運動

　ここでは，さまざまな力の場のもとでの運動の例を，運動方程式に基づいて考察することにする．

## 4.1　放　物　運　動

　まず，質点にはたらく力が質点の位置，速度によらず，一定値 $\boldsymbol{F}$ である場合を調べよう．地表付近で，物体には地球による万有引力がはたらき，その方向は鉛直下向きであり，大きさは物体の質量を $m$，重力加速度の大きさを $g$ として，$mg$ である．この力は地球の半径に比べて十分に小さい領域では場所によらず一定とみなしてよいので，ここで考察する具体例となっている．この場合，運動方程式は $\boldsymbol{g}$ を方向も含めてベクトルとして扱えば，

$$m\boldsymbol{a} = m\boldsymbol{g} \tag{121}$$

であり，両辺を時間で積分することによって

$$\boldsymbol{v}(t) = \int_0^t \boldsymbol{g}\mathrm{d}t + \boldsymbol{v}(0) = \boldsymbol{g}t + \boldsymbol{v}(0) \tag{122}$$

$$\boldsymbol{r}(t) = \int_0^t \boldsymbol{v}(t)\,\mathrm{d}t + \boldsymbol{r}(0) = \frac{1}{2}\boldsymbol{g}t^2 + \boldsymbol{v}(0)t + \boldsymbol{r}(0) \tag{123}$$

が得られる．2.3節で述べたように，運動方程式は2回積分することができれば一般的に解くことができる．式 (123) は2つの独立な任意定ベクトル $\boldsymbol{v}(0)$ と $\boldsymbol{r}(0)$ を含む一般解であり，式 (121) の解で，この形に表せないもの

は存在しない．任意定ベクトルは $t=0$ における初期条件によって完全に決定され，その後の運動は一意的に定まる．

鉛直上方，すなわち $-\boldsymbol{g}$ の方向に $z$ 軸をとり，初速度を $\boldsymbol{v}(0) = [v_x(0), 0, v_z(0)]$ とすれば，

$$x(t) = v_x(0)\,t + x(0) \tag{124}$$

$$z(t) = -\frac{1}{2}gt^2 + v_z(0)\,t + z(0) \tag{125}$$

である．運動の軌跡は時間を消去することにより，放物線となることがわかる．

$$z(t) = -\frac{1}{2}g\left(\frac{x(t) - x(0)}{v_x(0)}\right)^2 + v_z(0)\frac{x(t) - x(0)}{v_x(0)} + z(0) \tag{126}$$

原点より時刻 $t=0$ に水平方向からの仰角 $\theta$ 方向に初速度 $\boldsymbol{v}_0$ で打ち出された物体の運動は

$$x(0) = 0, \quad z(0) = 0 \tag{127}$$

$$v_x(0) = v_0 \cos\theta, \quad v_z(0) = v_0 \sin\theta \tag{128}$$

より

$$x(t) = v_0 \cos\theta\, t \tag{129}$$

$$z(t) = -\frac{1}{2}gt^2 + v_0 \sin\theta\, t \tag{130}$$

である．質点が再び $z=0$ の水平面上に戻るのは

$$t = \frac{2v_0}{g}\sin\theta \tag{131}$$

のときであり，そのときの $x$ 座標は

$$x\left(\frac{2v_0}{g}\sin\theta\right) = 2\frac{v_0^2}{g}\sin\theta\cos\theta = \frac{v_0^2}{g}\sin 2\theta \tag{132}$$

である．これが最大となるのはよく知られているように $\theta = 45$ 度の場合である．

いまの場合のポテンシャルエネルギーは，基準点を原点にとって $U(0) = 0$ とすれば

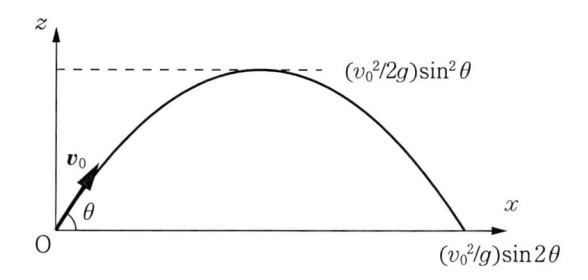

図 28 放物運動．原点から初速度 $\bm{v}_0$，角度 $\theta$ で打ち出された質点の軌跡．

$$U(\bm{r}) = mgz \tag{133}$$

である．実際運動エネルギーは式 (122), (123) より，

$$\begin{aligned}\frac{1}{2}mv^2 &= \frac{m}{2}v(0)^2 + \frac{m}{2}g^2t^2 - mgv_z(0)t \\ &= \frac{m}{2}v(0)^2 - mg[z(t) - z(0)]\end{aligned} \tag{134}$$

であるから，力学的エネルギーは保存している．

## 4.2 単振動

$x$ 方向のみに動ける質点が原点からの距離に比例する力

$$F = -kx \tag{135}$$

を受けて運動するとき，単振動とよばれる運動を行う．ばねでつるされた物体の鉛直方向の運動が典型的な例であるが，後で示すように，振り子の微小振動など，安定な平衡点のまわりの微小な運動は近似的に単振動となる．

運動方程式は

$$ma = m\ddot{x} = -kx \tag{136}$$

である．この方程式の一般解が角振動数 $\omega = \sqrt{k/m}$ を用いて

$$x(t) = a\cos(\omega t + \alpha) \tag{137}$$

と書けることは，この解が方程式を満たすこと，また，2つの初期条件，すなわち，初めの場所と速度，を満たすのに必要な2つの任意定数 $a$ と $\alpha$ を含むことから明らかである．

この方程式は簡単なので，見るだけで解を見つけることができた．しかし，より複雑な方程式に対処するために，ここで，より一般的な解法を述べておこう．この式のように解くべき関数 $x$ およびその時間微分 $\dot{x}$, $\ddot{x}$ などの1次の項しか含まない微分方程式は斉次の線形微分方程式とよばれる．この種の方程式を解くには

$$x(t) = Ae^{\lambda t} \tag{138}$$

と仮定して $\lambda$ を求めるのが常套手段である．

$$\dot{x}(t) = \lambda A e^{\lambda t} = \lambda x(t) \tag{139}$$

$$\ddot{x}(t) = \lambda^2 x(t) \tag{140}$$

を式 (136) に代入して，

$$m\lambda^2 x(t) = -kx(t) \tag{141}$$

この式が有限の $x$ に対して成り立つことから，

$$\lambda^2 = -\frac{k}{m} \tag{142}$$

であり，$\lambda$ に対して2つの解が求まる．

$$\lambda = \pm i\sqrt{\frac{k}{m}} = \pm i\omega \tag{143}$$

一般に，$n$ 階の線形微分方程式では $\lambda$ は $n$ 個求められ，一般解は各 $\lambda$ に対する解の重ね合わせで表される．したがって，いまの場合の一般解は

$$x(t) = A_+ e^{i\omega t} + A_- e^{-i\omega t} \tag{144}$$

複数の解を足し合わせてもやはり解になっているのは，方程式が斉次かつ線形であるためである．足し合わせを行うのは，必要な数の任意定数を導

入することが 1 つの理由であるが，別の理由もある．すなわち，ここで $x$ は実数でなければならないから，

$$x^*(t) = x(t) \tag{145}$$

であるが，これは一方の解のみでは満たすことができない．2 つの解の係数に

$$A_+ = A_-^* \tag{146}$$

の関係がないといけないのである．さて，上で述べたように，解は正弦波の形になるはずだが，ここでは純虚数の引数をもつ指数関数の和で解が表されている．このことから，三角関数と指数関数には関連があることが推測されるであろう．実際，この関係をあたえるのがオイラーの公式

$$\mathrm{e}^{\mathrm{i}\theta} = \cos\theta + \mathrm{i}\sin\theta \tag{147}$$

である．この式は両辺を $\theta = 0$ のまわりでテイラー展開して比較することによって確かめることができる．一般の複素数は図 29 に示すように，偏角

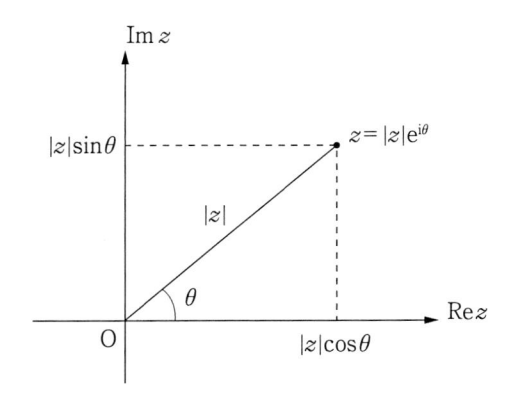

図 **29** 複素数の複素平面での表示．複素数 $z$ は横軸を実数部，縦軸を虚数部とする複素平面上の点で表されるが，これを極座標に相当する偏角 $\theta$ と絶対値 $|z|$ で記述することもできる．

$\theta$ と絶対値 $|z|$ を用いて

$$z = |z|\cos\theta + \mathrm{i}|z|\sin\theta \tag{148}$$

と表されるが，オイラーの公式によりこの式は

$$z = |z|\mathrm{e}^{\mathrm{i}\theta} \tag{149}$$

と表すこともできる．そこで，$A_+ = A_-^* = (1/2)a\mathrm{e}^{\mathrm{i}\alpha}$ とすると，

$$x(t) = a\cos(\omega t + \alpha) \tag{150}$$

と本来の正弦波の形が得られる．

質点の運動は $-a \leq x \leq a$ の範囲での往復運動，すなわち単振動であるが，振動の周期 $T$ は

$$T = \frac{2\pi}{\omega} = 2\pi\sqrt{\frac{m}{k}} \tag{151}$$

である．振動の周期 $T$ が振幅 $a$ に依存しないことは，単振動の重要な特徴である．

つぎに，エネルギーを考察しよう．質点の速度は

$$v(t) = -a\omega\sin(\omega t + \alpha) \tag{152}$$

で，運動エネルギーは

$$K = \frac{1}{2}mv(t)^2 = \frac{1}{2}ma^2\omega^2\sin^2(\omega t + \alpha) \tag{153}$$

である．ポテンシャルエネルギーは力を $x$ で積分することにより，$U = (1/2)kx^2$ である．この式に運動方程式の解を代入すると，

$$\begin{aligned}U &= \frac{1}{2}kx(t)^2 = \frac{1}{2}a^2k\cos^2(\omega t + \alpha) \\ &= \frac{1}{2}ma^2\omega^2\cos^2(\omega t + \alpha)\end{aligned} \tag{154}$$

となる．これより力学的エネルギー $E = K + U$ は一定値，$(1/2)ma^2\omega^2$ を保ち，このエネルギーが周期 $T/2$ で $K$ と $U$ のあいだでやりとりされていることがわかる．ポテンシャルエネルギーを図 30 に示すが，この図で，$E$ と $U$ の交点が最大変位を与え，同じ $x$ 座標での $E$ と $U$ の差は変位 $x$ にお

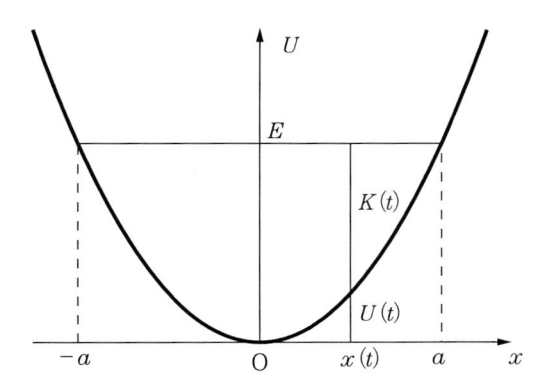

**図 30** 単振動．ポテンシャル $U(x) = (1/2)kx^2$ のもとで，力学的エネルギー $(1/2)ma^2\omega^2$ をもつ質点の運動は $-a \leq x \leq a$ のあいだで往復運動をする．これを単振動という．

ける運動エネルギーを示している．

## 4.3 振 り 子

重さの無視できる糸につるされた振り子の鉛直面内での運動を考える．運動方程式は図 31 のように糸の固定点を原点として，2 次元極座標を設定すると極座標での式 (53) より，糸の張力を $T$ として

$$m(\ddot{r} - r\dot{\theta}^2) = mg\cos\theta - T \tag{155}$$

$$m(2\dot{r}\dot{\theta} + r\ddot{\theta}) = -mg\sin\theta \tag{156}$$

であるが，いま糸は伸びないとすると $r = l$ で，$\dot{r} = \ddot{r} = 0$ であるから，

$$T = mg\cos\theta + ml\dot{\theta}^2 \tag{157}$$

$$\ddot{\theta} = -\frac{g}{l}\sin\theta \tag{158}$$

となる．式 (158) はただ 1 つの自由度である $\theta$ の運動を決める式で，一方，式 (157) は求められた $\theta(t)$ から糸の張力を決める式である．振り子の振れ

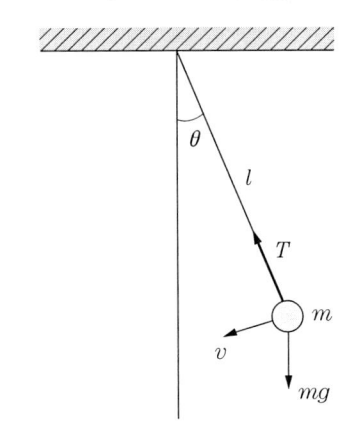

図 31 振り子．長さ $l$ の糸につるされた質量 $m$ の質点には重力 $mg$ と糸からの張力 $T$ がはたらく．

が小さく
$$\theta \ll 1 \tag{159}$$
の場合には，$\sin\theta \simeq \theta - (1/6)\theta^3 + ...$ であり，$\theta^3$ 以上を無視することにより，式 (158) は単振動の式
$$\ddot{\theta} = -\frac{g}{l}\theta \tag{160}$$
に帰着する．角振動数は $\omega = \sqrt{g/l}$，周期は $T = 2\pi\sqrt{l/g}$ である．小振幅の振り子が単振動で表され，周期が振幅によらないことは，振り子の等時性として知られている．

ふれの大きいときは単振動ではない．このときの運動を調べよう．$t=0$ で $\theta(0)=0$，$t=t_0$ で最大振幅 $\theta(t_0)=\alpha$ になるとして，この間の $\theta$ の時間変化を調べよう．式 (158) の両辺に $\dot{\theta}$ をかけた式
$$\ddot{\theta}\dot{\theta} = -\frac{g}{l}\sin\theta\,\dot{\theta} \tag{161}$$
を時刻 $t$ から $t_0$ まで時間で積分すると
$$\frac{1}{2}\left\{\left[\dot{\theta}(t_0)\right]^2 - \left[\dot{\theta}(t)\right]^2\right\} = \frac{g}{l}\left[\cos\theta(t_0) - \cos\theta(t)\right] \tag{162}$$

## 4.3 振り子

が得られる．ここで時刻 $t_0$ で最大振幅 $\alpha$ になるので，$\theta(t_0) = \alpha$, $\dot{\theta}(t_0) = 0$ であるから，

$$\begin{aligned}\frac{1}{2}\left[\dot{\theta}(t)\right]^2 &= \frac{g}{l}\left[\cos\theta(t) - \cos\alpha\right] \\ &= 2\frac{g}{l}\left[\sin^2\frac{\alpha}{2} - \sin^2\frac{\theta(t)}{2}\right]\end{aligned} \quad (163)$$

が得られる．

$$\sin^2\frac{\alpha}{2} \equiv k^2 \quad (164)$$

とおくと，

$$\frac{\mathrm{d}\theta}{\mathrm{d}t} = \pm 2\sqrt{\frac{g}{l}}\sqrt{k^2 - \sin^2\frac{\theta(t)}{2}} \quad (165)$$

であり，これを

$$\mathrm{d}t = \frac{1}{2}\sqrt{\frac{l}{g}}\frac{\mathrm{d}\theta}{\sqrt{k^2 - \sin^2\frac{\theta(t)}{2}}} \quad (166)$$

と書き直し，初期条件，時刻 $t = 0$ で $\theta(0) = 0$ を用いて積分すれば

$$t = \frac{1}{2}\sqrt{\frac{l}{g}}\int_0^{\theta(t)}\frac{1}{\sqrt{k^2 - \sin^2\frac{\theta}{2}}}\mathrm{d}\theta \quad (167)$$

が得られる．

$$\sin\frac{\theta}{2} \equiv k\sin\phi \quad (168)$$

と変数 $\theta$ を $\phi$ で書き直し，

$$\sqrt{k^2 - \sin^2\frac{\theta}{2}} = k\sqrt{1 - \sin^2\phi} = k\cos\phi \quad (169)$$

と

$$\frac{1}{2}\cos\frac{\theta}{2}\mathrm{d}\theta = k\cos\phi\mathrm{d}\phi \quad (170)$$

を用いると，

$$t = \sqrt{\frac{l}{g}}\int_0^\phi \frac{\mathrm{d}\phi}{\sqrt{1 - k^2\sin^2\phi}} = \sqrt{\frac{l}{g}}F(\phi, k) \quad (171)$$

となる．ここで，$F$ は第1種楕円積分である．$t=0$ で $\theta$ が 0 の状態から，最大振幅の $\theta = \alpha$ になるとき，$\phi$ は 0 から $\pi/2$ まで変化する．この間の $t(\phi)$ が式 (171) から求まり，これを逆に解いて $\phi(t)$ が求まり，これより $\theta(t)$ が求められる．この過程は 1 周期の 1/4 であり，つぎの 1/4 周期は初めの 1/4 周期の時間反転したもの，後半の 1/2 周期は前半の 1/2 周期で $\theta \to -\theta$ にしたもので与えられる．周期 $T$ は完全楕円積分 $K(k) = F(\pi/2, k)$ を用いて，

$$T = 4\sqrt{\frac{l}{g}} K(k) \simeq 2\pi \sqrt{\frac{l}{g}} \left( 1 + \frac{1}{4} \sin^2 \frac{\alpha}{2} + \dots \right) \tag{172}$$

である．最大振幅 $\alpha$ の増大に伴い，周期が長くなる様子を図 32 に示す．

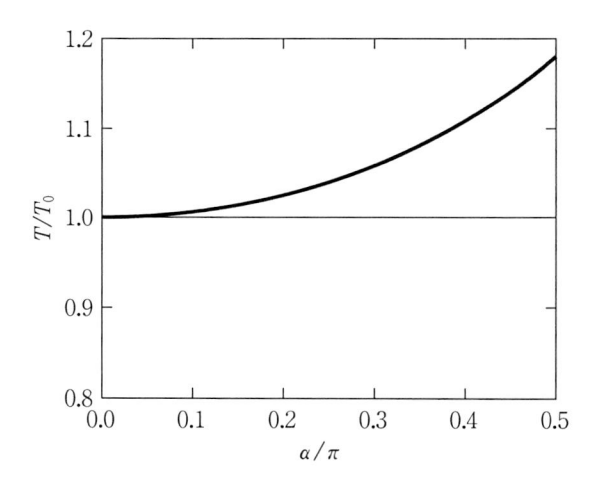

図 32　振り子の周期．最大振幅 $\alpha$ の増大に伴い，周期 $T$ は微小振動のときの周期 $T_0 = 2\pi\sqrt{l/g}$ に比べて長くなる．

## 4.4　減衰振動

空気中や水中での，振り子やばねにつるした質点の微小振幅の運動は，粘性抵抗を受けて振幅が減衰し，最終的には振動が止まる．ばねを例にとる

## 4.4 減衰振動

と，この様子はつぎの方程式で記述される．

$$m\ddot{x} + 2m\gamma\dot{x} + kx = 0 \tag{173}$$

ここで，第2項が速度に比例する粘性抵抗を表す．第3項はばねの復元力であり，この項の係数 $k$ は以下では抵抗がないときの単振動の角振動数を用いて，$k = m\omega^2$ と表すことにする．この方程式はやはり斉次の線形微分方程式だから，一般的な解法に従い，$x = Ae^{\lambda t}$ とおいて解くことができる．$\lambda$ に対する方程式は

$$\lambda^2 x + 2\gamma\lambda x + \omega^2 x = 0 \tag{174}$$

となるが，$x$ がつねにゼロである解はつまらない解だから，$\lambda$ に対する方程式として

$$\lambda^2 + 2\gamma\lambda + \omega^2 = 0 \tag{175}$$

を得る．これより

$$\lambda_{\pm} = -\gamma \pm \sqrt{\gamma^2 - \omega^2} \tag{176}$$

であり，一般解は前と同様に2つの $\lambda$ に対する解の重ね合せで

$$x(t) = A_+ e^{-\gamma t + \sqrt{\gamma^2 - \omega^2}\,t} + A_- e^{-\gamma t - \sqrt{\gamma^2 - \omega^2}\,t} \tag{177}$$

となる．

解の振る舞いは，$\gamma$ と $\omega = \sqrt{k/m}$ の大小関係によって異なる．

1) $\gamma > \omega$ の場合

このときは，$A_+$ と $A_-$ は実数にとることができ，これらの値は初期条件 $x(0)$ と $v(0)$ で決まる．

2) $\gamma < \omega$ の場合

$$x(t) = A_+ e^{-\gamma t + i\sqrt{\omega^2 - \gamma^2}\,t} + A_- e^{-\gamma t - i\sqrt{\omega^2 - \gamma^2}\,t} \tag{178}$$

となるが，$x(t)$ は実数でなければならないから，単振動のときと同様に $A_+ = A_-^* = (a/2)\exp(i\alpha)$ と選び，

$$x(t) = ae^{-\gamma t}\cos\left[\sqrt{\omega^2 - \gamma^2}\,t + \alpha\right] \tag{179}$$

が一般解となる．抵抗が小さい，すなわち $\gamma$ が $\omega$ より十分に小さいときは，$ae^{-\gamma t}$ を振幅とみなして，これが緩やかに減少してゆく単振動とみることができる．

3) $\gamma = \omega$ の場合

最後に $\gamma = \omega$ のときは，もともとの運動方程式は

$$\left(\frac{d^2}{dt^2} + 2\omega\frac{d}{dt} + \omega^2\right)x = 0 \tag{180}$$

であるが，

$$x(t) = A(t)\,e^{-\omega t} \tag{181}$$

とおいて整理すると，

$$\frac{d^2 A}{dt^2} = 0 \tag{182}$$

が得られる．これより $a_1$ と $a_0$ を任意定数として

$$A(t) = a_1 t + a_0 \tag{183}$$

であり，

$$x(t) = (a_1 t + a_0)\,e^{-\omega t} \tag{184}$$

が一般解となる．以上の3つの場合の解の振る舞いを図33に示す．ここでは，共通の $\omega$，すなわち，共通の $k$ の系で，初期条件を $x(0) = x_0$，$v(0) = 0$ として，$\gamma = 2\omega$，$\gamma = \omega$，$\gamma = \omega/10$ の場合の時間変化を示した．微小な変位，$\epsilon(\ll x_0)$ に初めに達するまでの時間は $\gamma$ が小さいほうが速いが，$\gamma$ が小さいと振動が残るので変位は $\pm\epsilon$ の範囲にとどまらない．以後の変位が $|x(t)| < \epsilon$ にとどまるまでの時間が一番短いのは $\gamma = \omega$ のときである．この場合の運動を臨界減衰とよび，この状態になるように抵抗を調節し，もっとも短時間で質点を平衡点に止めることを臨界制動とよぶ．

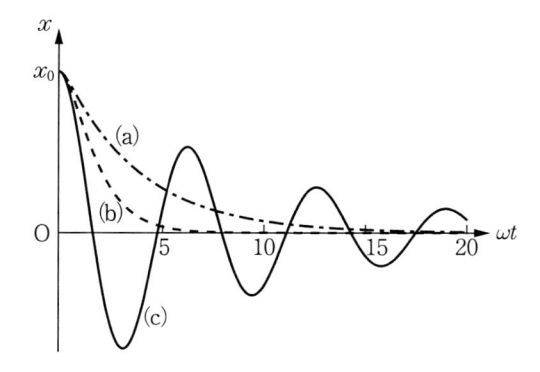

**図33** 減衰振動．初期条件 $x(0) = x_0$, $v(0) = 0$ のときの質点の位置の時間変化．(a)$\gamma = 2\omega$, (b)$\gamma = \omega$, (c)$\gamma = \omega/10$ の場合の振る舞いを，それぞれ一点鎖線，破線，実線で示す．

## 4.5　一般の1次元運動

保存力でポテンシャルエネルギー $U(x)$ がある場合，エネルギー保存則により次式が成り立つ．

$$\frac{1}{2}mv(t)^2 + U[x(t)] = E \tag{185}$$

第1項の運動エネルギーは正またはゼロだから，運動が可能なのは $U(x) \leq E$ の領域にかぎられる．

### 4.5.1　$U(x)$ の極小点のまわりの微小振動

極小点を $x_0$ とする．$E$ が $U(x_0)$ よりわずかに大きいとき運動は $x_0$ の近くにかぎられる．$x_0$ のまわりで $U$ をテイラー展開すれば

$$U(x) = U(x_0) + \frac{1}{2}\left.\frac{d^2U(x)}{dx^2}\right|_{x=x_0}(x-x_0)^2 + O\left((x-x_0)^3\right) \tag{186}$$

第2項まで残し，$d^2U(x)/dx^2|_{x=x_0} = k$ とすれば，

$$F = -\frac{\mathrm{d}U(x)}{\mathrm{d}x} = -k(x - x_0) \tag{187}$$

であるから，$x_0$ のまわりの単振動になる．

### 4.5.2 束縛運動

振幅が大きいが，$U(x) \leq E$ の領域が図 34 のように，ある範囲 $x_1 \leq x \leq x_2$ にかぎられている場合には，質点はこの領域で往復運動を行う．この間の各点では，$E - U(x)$ が運動エネルギーとなるから，

$$\frac{\mathrm{d}x}{\mathrm{d}t} = \pm\sqrt{\frac{2[E - U(x)]}{m}} \tag{188}$$

であり，大振幅の振り子の場合と同様に $t = 0$ で $x = x_1$ とすると，

$$\mathrm{d}t = \frac{\sqrt{m}}{\sqrt{2[E - U(x)]}}\mathrm{d}x \tag{189}$$

より

$$t = \int_{x_1}^{x(t)} \frac{\sqrt{m}}{\sqrt{2[E - U(x)]}}\mathrm{d}x \tag{190}$$

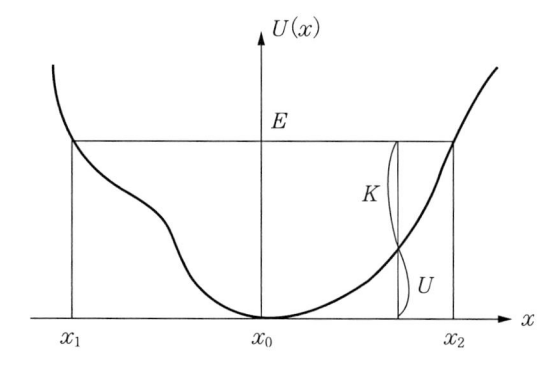

図 34 1次元運動．一般のポテンシャル $U(x)$ のもとでの運動は，エネルギーが $E$ の場合，$x_1 \leq x \leq x_2$ のあいだの往復運動である．$E - U(x)$ が運動エネルギーである．

によって，$t$ が $x$ の関数として求まり，これを逆に解くことにより，$x(t)$ が求められる．

## 4.6　惑星の運動

惑星は，太陽とのあいだの万有引力によって運動する．太陽を質量 $M$ の質点とみなし，これが原点に静止しているとき，太陽による質量 $m$ の質点に対する万有引力のポテンシャルエネルギーは

$$U(r) = -G\frac{Mm}{r} \tag{191}$$

である．実際 $r = \sqrt{x^2 + y^2 + z^2}$ より

$$\frac{\partial r}{\partial x} = \frac{x}{r} \tag{192}$$

であるから，

$$\boldsymbol{F} = -\mathrm{grad}\, U(r) = GMm\left(\frac{\partial}{\partial x}\frac{1}{r}, \frac{\partial}{\partial y}\frac{1}{r}, \frac{\partial}{\partial z}\frac{1}{r}\right)$$
$$= -G\frac{Mm}{r^3}(x, y, z) = -G\frac{Mm}{r^3}\boldsymbol{r} \tag{193}$$

実際には，太陽は有限の大きさをもっているが，この場合でもポテンシャルエネルギーは同じ式でよい．このことを示そう．有限体積の物体からの万有引力のポテンシャルエネルギーは微小体積からのポテンシャルエネルギーの和で与えられる．太陽の密度分布は球対称と考えられるので，これを $\rho(r)$ とすると，太陽の半径を $a$ として，まず質量は

$$M = \int_0^a 4\pi r^2 \rho(r)\, \mathrm{d}r \tag{194}$$

と表せる．つぎに，原点から $R$ の位置でのポテンシャルは図 35 より

$$U(R) = -Gm\int \frac{\rho(r)\, r^2 \sin\theta\, \mathrm{d}r\mathrm{d}\theta\mathrm{d}\phi}{\sqrt{R^2 + r^2 - 2Rr\cos\theta}}$$
$$= -2\pi Gm \int_0^a \mathrm{d}r\, r^2 \rho(r) \int_{-1}^1 \frac{\mathrm{d}x}{\sqrt{R^2 + r^2 - 2Rrx}}$$

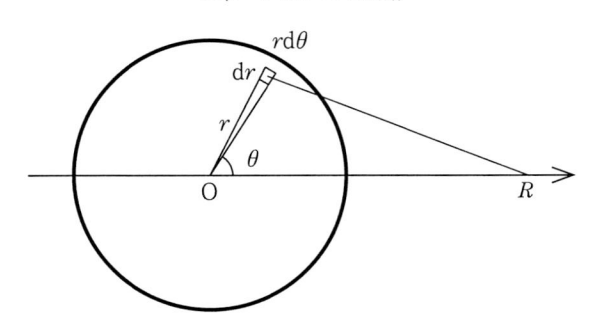

**図 35** 密度が中心からの距離 $r$ のみの関数の球状物体による万有引力．極座標で，$(r,\theta,\phi)$ の位置の微小体積要素 $r^2\sin\theta drd\theta d\phi$ からのポテンシャル $\rho(r)r^2\sin\theta drd\theta d\phi/\sqrt{R^2+r^2-2Rr\cos\theta}$ の足し合せで球全体からのポテンシャルが求められる．

$$\begin{aligned}
&= -2\pi Gm\int_0^a dr r^2\rho(r)\frac{1}{Rr}\\
&\quad\times(\sqrt{R^2+r^2+2Rr}-\sqrt{R^2+r^2-2Rr})\\
&= -\frac{4\pi Gm}{R}\int_0^a dr r^2\rho(r)\\
&= -G\frac{Mm}{R}
\end{aligned} \quad (195)$$

この結果は，質量 $M$ の質点によるポテンシャル，式 (191) に等しい．これにより惑星にはたらく力も太陽を質点とみなしたものでよいことがわかる．

つぎに，この力のもとでの運動を調べよう．中心力であるから，角運動量 $\boldsymbol{L}$ が保存する．このため，惑星の運動は $\boldsymbol{L}$ に垂直で原点を含む平面上にかぎられる．この平面を $xy$ 平面とし，ここに 2 次元極座標を設定しよう．まず，保存される角運動量の $z$ 成分を極座標で表しておくと，式 (52) を用いて

$$L_z = m(\boldsymbol{r}\times\boldsymbol{v})_z = mr^2\dot{\theta} \equiv mh \quad (196)$$

以後 $L_z$ の代わりに，ここで導入した $h = r^2\dot{\theta}$ を用いて計算を進めよう．

$r$ 方向の運動方程式

## 4.6 惑星の運動

$$m(\ddot{r} - r\dot{\theta}^2) = -G\frac{Mm}{r^2} \tag{197}$$

はこの $h$ を用いて $\dot{\theta}$ を消去すれば，$r$ のみの方程式に直すことができる．

$$m\ddot{r} - \frac{mh^2}{r^3} = -G\frac{Mm}{r^2} \tag{198}$$

両辺に $\dot{r}$ を掛けて時間積分を行うと，エネルギー保存則

$$\frac{1}{2}m\dot{r}^2 - G\frac{Mm}{r} + \frac{mh^2}{2r^2} = E \tag{199}$$

が得られる．この式は，左辺第 2 項と第 3 項を有効ポテンシャル $U_{\text{eff}}$ とする 1 次元運動とみなすことができる．第 3 項は遠心力のポテンシャルとよばれている．有効ポテンシャルは図 36 のように無限遠でゼロになるので，運動の形態はエネルギー $E$ の正負でまったく異なるものとなる．$E < 0$ の

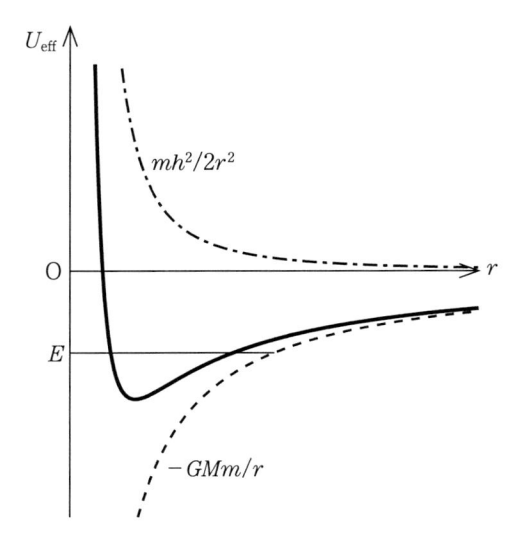

**図 36** 動径方向の運動．有効ポテンシャル $U_{\text{eff}}$(実線) は，万有引力 $-GMm/r$(破線) と遠心力ポテンシャル $mh^2/2r^2$(一点鎖線) の和である．$E < 0$ のときは運動は有限の領域にかぎられるが，$E > 0$ のときには質点は無限遠まで行くことができる

ときは近日点と遠日点のあいだを運動する束縛運動となるが，$E \geq 0$ のときは近日点のみ存在し，質点は無限遠に去って行く．

1次元運動の一般論に従って $r(t)$ を求めることもできるが，ここでは運動の軌跡 $r(\theta)$ を求めよう．軌跡が求まれば，軌跡上の運動は $\dot{\theta} = h/r^2$ で決めることができる．軌跡を求めるために，$r$ の時間微分を $\theta$ 微分に書き直す．

$$\dot{r} = \frac{\mathrm{d}r}{\mathrm{d}\theta}\dot{\theta} = \frac{h}{r^2}\frac{\mathrm{d}r}{\mathrm{d}\theta} = -h\frac{\mathrm{d}}{\mathrm{d}\theta}\left(\frac{1}{r}\right) \tag{200}$$

ここで

$$u \equiv \frac{1}{r} \tag{201}$$

と変数変換すると，式 (199) は

$$\frac{h^2}{2}\left(\frac{\mathrm{d}u}{\mathrm{d}\theta}\right)^2 + \frac{h^2}{2}u^2 - GMu = \frac{E}{m} \tag{202}$$

となる．これを以下のように変形する．

$$\left(\frac{\mathrm{d}u}{\mathrm{d}\theta}\right)^2 + \left(u - \frac{GM}{h^2}\right)^2 = \frac{2E}{mh^2} + \frac{G^2M^2}{h^4} \tag{203}$$

この形は，座標 $x = x_0$ を振動の中心とする調和振動子のエネルギー保存則

$$\frac{m}{2}\dot{x}^2 + \frac{1}{2}k(x - x_0)^2 = E \tag{204}$$

と同型である．ただし，ここでの時間の役割を果たすのは $\theta$ である．したがって，$u(\theta)$ はつぎの形をとる．

$$u(\theta) = A\cos(\theta + \alpha) + \frac{GM}{h^2} \tag{205}$$

係数 $A$ は $u$ を式 (203) に代入して，

$$A^2 = \frac{2E}{mh^2} + \frac{G^2M^2}{h^4} \equiv \frac{G^2M^2}{h^4}e^2 \tag{206}$$

と求まる．ここで，後で離心率と同定される $e(\geq 0)$ を導入した．すなわち，

$$e^2 = 1 + \frac{2Eh^2}{mG^2M^2} \tag{207}$$

さらに，$l$ を次式で定義すると

## 4.6 惑星の運動

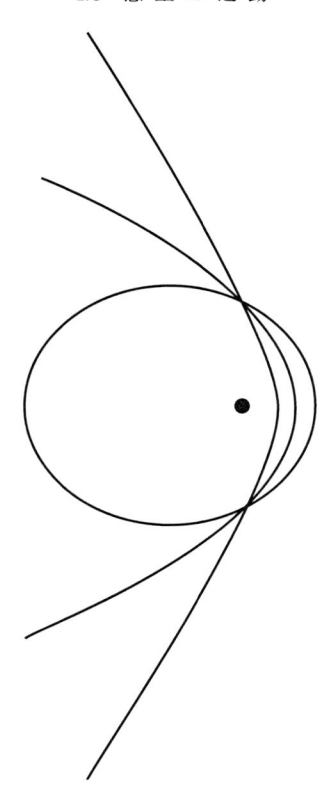

**図 37** 万有引力の場での運動. $E<0$, $E=0$, $E>0$ の 3 通りの軌道を示す. 角運動量すなわち $l$ を共通にして, $e=0.5$, 1, 2 とした.

$$l = \frac{h^2}{GM} \tag{208}$$

$$u(\theta) = \frac{e}{l}\cos(\theta+\alpha) + \frac{1}{l} \tag{209}$$

であり，軌跡は

$$r(\theta) = \frac{l}{1+e\cos(\theta+\alpha)} \tag{210}$$

と求められる．式 (207) より，$E$ の正負と，$e-1$ の正負は対応しているこ

とがわかる．$e<1$ の場合，式 (210) の分母はつねに正であるから，軌跡は楕円を表す．一方，$e>1$ の場合には，分母は $\theta+\alpha=\arccos(-1/e)$ でゼロになり，軌道は無限遠に達する．すなわち，軌跡は双曲線となる．実際，$x$ 軸の方向を $\alpha=0$ となるように選び，$xy$ 座標で書き直すと，

$$r+er\cos\theta=l \tag{211}$$

より

$$\sqrt{x^2+y^2}+ex=l \tag{212}$$

$$x^2+y^2=l^2-2elx+e^2x^2 \tag{213}$$

$$\left(1-e^2\right)x^2+2elx+y^2=l^2 \tag{214}$$

平方完成して

$$\left(1-e^2\right)\left(x+\frac{el}{1-e^2}\right)^2+y^2=\frac{l^2}{1-e^2} \tag{215}$$

この式は $e<1$ の場合は長軸半径

$$a=\frac{l}{1-e^2} \tag{216}$$

短軸半径

$$b=\frac{l}{\sqrt{1-e^2}} \tag{217}$$

の楕円を表し，$e>1$ では双曲線，$e=1$ では放物線を表す．

## 演 習 問 題

[1] 野球場のホームプレートを原点，ピッチャー方向に $x$ 軸，鉛直上方に $z$ 軸を設定する．ピッチャーが質量 150 g のボールを時速 144 km で投げ，これをバッターがセンター方向 ($x$ 軸方向) に打ち返した．ボールは 125 m 飛んでホームランとなった．この場合のボールの運動量や，バットが与えた力積について考えてみよう．話を簡単にするために，空気抵抗は無視．ピッチャーが投じたボールはバッターの所まで，同じ速度で，水平に飛んでくるとする．

また，バッターの打ったボールは水平方向に対して 45 度の角度で上昇を始め，重力により放物線を描くとする．

(1) ピッチャーが投げたときのボールの運動量を計算せよ．(MKS 単位系で答えること．運動量はベクトルであることに注意)
(2) バッターが打った直後のボールの運動量を求めよ．
(3) バットがボールに与えた力積を求めよ．
(4) バットとボールの接触時間を概算しよう．接触中はボールは変形している．最大の変形時に表面が 5 cm 内側につぶれたとしよう．その変形に要する時間を，多少荒っぽいが，144 km/h のボールが 5 cm 進むのに要する時間としよう．変形が回復する時間も同程度だから，その 2 倍として接触時間を見積れ．
(5) バットとボールの接触中に働く力が同じ大きさであるとして，この力の大きさを求めよ．
(6) 接触中のボールの平均加速度の大きさが重力加速度の何倍になるか計算せよ．

[2] (1) オイラーの公式 $e^{i\theta} = \exp(i\theta) = \cos\theta + i\sin\theta$ を参考にして，$\exp(i\pi/3)$ を複素平面上に図示せよ．
(2) 指数関数の一般則より，$\exp(i\theta) \times \exp(i\phi) = \exp[i(\theta + \phi)]$ が成り立つ．両辺をオイラーの公式で書き直すことにより，三角関数の加法定理を証明せよ．

[3] 臨界制動，$\gamma = \omega$ の場合の一般解は式 (184)，$x(t) = (a_1 t + a_0)e^{-\omega t}$，である．この解について以下の設問に答えよ．
(1) この解を運動方程式 (180) に代入して解であることを確かめよ．
(2) $x(0) = x_0, v(0) = 0$ の場合の $a_0, a_1$ を求めよ．
(3) $x(0) = 0, v(0) = v_0$ の場合の $a_0, a_1$ を求め，$x(t)$ を図示せよ．この場合，$x(t)$ が最大となるのは何時か？
(4) $x(0) = x_0 > 0, x(1/\omega) = 0$ の場合の $a_0, a_1$ を求め，$x(t)$ を図示せよ．

[4] 質点 $m$ のポテンシャルエネルギー
$$U(x) = ax + \frac{b}{x}$$

の下での 1 次元運動を考える．ただし，$a > 0, b > 0$ で，質点は $x > 0$ の領域のみを運動するとする．
(1) $U(x)$ が最低となる $x$ の値 $x_0$ を求めよ．
(2) $x_0$ のまわりでの微小振動の場合の一般解を求めよ．

[5] ポテンシャル $U(\boldsymbol{r}) = kr^2/2$ の下での質量 $m$ の質点の運動を考える．$\boldsymbol{r} = (x, y, z), r = \sqrt{x^2 + y^2 + z^2}$ である．
(1) 質点に働く力を求め，中心力であることを示せ．
(2) 保存する角運動量の方向を $z$ 軸として，$z$ 軸に垂直な面に 2 次元極座標 $(r, \theta)$ を設定して，運動を調べよう．$r$ 方向の運動方程式と角運動量の $z$ 成分 $L_z$ の式を記せ．(極座標の方程式が自分で導き出せることを確かめよ．)
(3) 角運動量の大きさを $L_z = mh$ と表そう．(2) の運動方程式から $\dot{\theta}$ を消去し，$r$ のみの運動方程式を求めよ．
(4) 運動方程式に $\dot{r}$ を掛けて積分することにより，力学的エネルギー保存則の形に書き直し，有効ポテンシャル $U_{\text{eff}}$ を求めよ．
(5) $U_{\text{eff}}$ を図示し，これが最小値をとる点 $r_0$ を求めよ．
(6) $r(t) = r_0$ の運動について，$\dot{\theta}$ を求めよ．
(7) $r_0$ 近傍での $r$ 方向の微小運動は単振動になる．この単振動の角振動数 $\omega$ を求めよ．

# 5章
# 運動座標系

## 5.1 ガリレイ変換

　基準とする座標系に対して，運動する別の座標系を考えよう．たとえば，地面に対して固定された座標系に対して，電車に固定された座標系を考えるわけである．2つの座標系で，$xyz$座標軸の方向はそれぞれ平行であるとして，新たな座標系の原点を基準となる座標系でみたときの位置を$\bm{r}_0(t)$とする．基準座標系での質点の位置を$\bm{r}(t)$，運動座標系での質点の位置を$\bm{r}'(t)$とすると，図38に示すように，両者の関係は

$$\bm{r}'(t) = \bm{r}(t) - \bm{r}_0(t) \tag{218}$$

となる．

　基準座標系での運動方程式

$$m\ddot{\bm{r}} = \bm{F} \tag{219}$$

にこの式を代入すれば，

$$m\ddot{\bm{r}}' = \bm{F} - m\ddot{\bm{r}}_0 \tag{220}$$

となるから，$\ddot{\bm{r}}_0 = 0$，すなわち，$\dot{\bm{r}}_0 = $ 一定の場合には，静止系と同じ運動方程式が成り立つことになる．このように，等速度で動く座標系への変換をガリレイ変換という．ガリレイ変換によって運動方程式は変わらない．ここで，力$\bm{F}$は座標系によらないことに注意しよう．たとえば，ばねで支

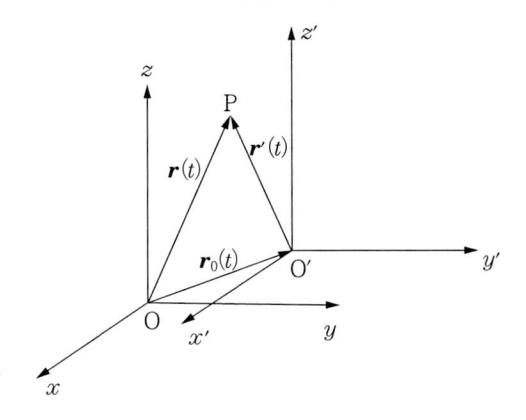

図 38 運動する座標系．運動座標系の原点を基準となる座標系でみたときの位置を $r_0(t)$，基準座標系での質点の位置を $r(t)$，運動する座標系での質点の位置を $r'(t)$ とする．

えられた質点の場合，力の大きさ，方向はばねの伸びと方向によって知ることができるが，これはどの座標系でみても等しい．

　ガリレイ変換で運動方程式が変わらないことは，日常的によく経験することである．一定の速度で走る電車の中では，我々は地上と同じように振る舞うことができる．普通に歩くことができるし，重いものを落とせば，真っ直ぐ下に落ちる．これらは運動方程式が変わらないために起こることである．質点の位置の運動自体は座標系によって異なり，電車の中で鉛直方向に落下する物体は，地上からみれば，放物線を描いて落下しているのである．ガリレイ変換で運動方程式が変わらないことは，地球，さらには太陽系全体が高速度で運動しているにもかかわらず我々がそのような運動を感知しないことにも現れている．ガリレイ変換で運動方程式が変わらないことの重要性は，これが成り立たない場合を考えると，明確になる．すなわち，運動方程式が座標系ごとに違ってしまえば，我々の身のまわりの運動法則は宇宙の中での地球の運動に依存することとなる．そのような状況のもとでは，人類が合理的な力学の法則を得られるとはとうてい思えな

い．物理学という学問も成立しなかったであろう．

## 5.2 加速座標系

$\ddot{r}_0 \neq 0$ のとき，すなわち運動座標系が有限の加速度で運動する場合には，式 (220) の右辺の第 2 項が残り，運動方程式はそのままの形では成り立たない．そこで，この場合でもニュートンの第 2 法則が正しくなるように，新たに加わった項 $-m\ddot{r}_0$ を，この加速座標系で加わる力とみなすことにする．すなわち，運動座標系での質点は力 $\boldsymbol{F}' = \boldsymbol{F} - m\ddot{r}_0$ のもとで運動する．このように，運動座標系で新たに必要となる力を慣性力という．原点の加速運動に伴う慣性力は質点の位置や，速度には依存しない．電車や，自動車が発進したり，停止したりするときに乗客に加わる力，エレベーターの動き始めに感じる力がここでの慣性力の例である．慣性力をまったく考える必要がない座標系を慣性座標系と定義する．慣性座標系とガリレイ変換で結ばれる座標系はすべて慣性座標系である．

## 5.3 回転座標系

慣性力は座標軸の方向が回転する回転座標系でも生じる．ここでは，回転系が基準系と原点を共有する場合を考察しよう．基準系での $xyz$ 方向の単位ベクトルを $\boldsymbol{e}_x, \boldsymbol{e}_y, \boldsymbol{e}_z$ として，回転系における基準ベクトルを $\boldsymbol{e}'_x, \boldsymbol{e}'_y, \boldsymbol{e}'_z$ とする．それぞれの座標系で，質点の位置ベクトル $\boldsymbol{r}$ は以下のように表される．

$$\begin{aligned}\boldsymbol{r} &= x\boldsymbol{e}_x + y\boldsymbol{e}_y + z\boldsymbol{e}_z \\ &= x'\boldsymbol{e}'_x + y'\boldsymbol{e}'_y + z'\boldsymbol{e}'_z\end{aligned} \tag{221}$$

図 39 に示すように，回転座標系の回転の角速度を $\omega$ として，2 つの座標系で，回転軸の方向に $z$ 軸を選ぶことにする．したがって，$\boldsymbol{e}_z = \boldsymbol{e}'_z$ であ

80   5 章 運動座標系

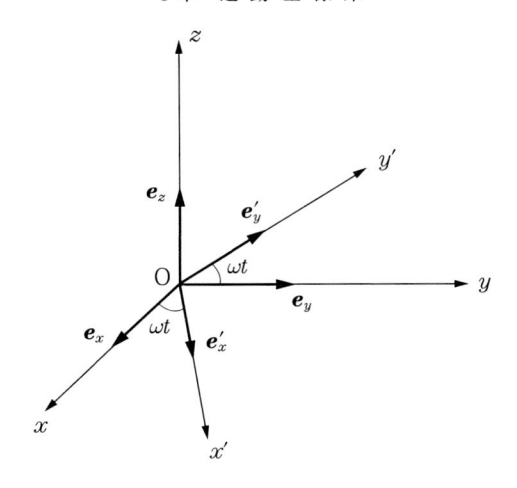

**図 39**  回転座標系. $z$ 軸を共通にして，角速度 $\omega$ で回転する座標系を $x'y'z'$ 系とし，$x'$ 軸，$y'$ 軸方向の単位ベクトルをそれぞれ $e'_x$, $e'_y$ とする.

る．角速度ベクトルを大きさが角速度で，回転軸の方向をもつベクトルとして定義すると，いまの座標系の選び方では $\boldsymbol{\omega}$ は $e_z = e'_z$ に平行なベクトル $\boldsymbol{\omega} = \omega e_z$ となる．ここで，角速度 $\omega$ が一定の場合のみを考えることにすると，回転系の単位ベクトルは，以下のように基準系のベクトルで表される.

$$e'_x = \cos\omega t\, e_x + \sin\omega t\, e_y \tag{222}$$

$$e'_y = -\sin\omega t\, e_x + \cos\omega t\, e_y \tag{223}$$

基準ベクトルの時間変化は，1 階微分は以下のようになり，

$$\begin{aligned}
\dot{e}'_x &= -\omega\sin\omega t\, e_x + \omega\cos\omega t\, e_y \\
&= \omega e'_y \\
&= \boldsymbol{\omega} \times e'_x
\end{aligned} \tag{224}$$

$$\dot{e}'_y = -\omega\cos\omega t\, e_x - \omega\sin\omega t\, e_y$$

## 5.3 回転座標系

$$= -\omega \boldsymbol{e}'_x$$
$$= \boldsymbol{\omega} \times \boldsymbol{e}'_y \tag{225}$$

2階微分は以下のように表される.

$$\ddot{\boldsymbol{e}}'_x = \boldsymbol{\omega} \times \dot{\boldsymbol{e}}'_x = \boldsymbol{\omega} \times (\boldsymbol{\omega} \times \boldsymbol{e}'_x) \tag{226}$$

$$\ddot{\boldsymbol{e}}'_y = \boldsymbol{\omega} \times \dot{\boldsymbol{e}}'_y = \boldsymbol{\omega} \times (\boldsymbol{\omega} \times \boldsymbol{e}'_y) \tag{227}$$

すなわち,時間微分の効果は左から角速度ベクトル $\boldsymbol{\omega}$ をベクトル積として掛けることと等しい.

これらの式を用いると,速度ベクトルは以下のように表される.

$$\begin{aligned}
\boldsymbol{v} = \dot{\boldsymbol{r}} &= \dot{x}\boldsymbol{e}_x + \dot{y}\boldsymbol{e}_y + \dot{z}\boldsymbol{e}_z \\
&= \dot{x}'\boldsymbol{e}'_x + \dot{y}'\boldsymbol{e}'_y + \dot{z}'\boldsymbol{e}'_z + x'\boldsymbol{\omega} \times \boldsymbol{e}'_x + y'\boldsymbol{\omega} \times \boldsymbol{e}'_y \\
&= \boldsymbol{v}' + \boldsymbol{\omega} \times \boldsymbol{r}
\end{aligned} \tag{228}$$

また,加速度ベクトルは以下のようになる.

$$\begin{aligned}
\boldsymbol{a} &= \dot{\boldsymbol{v}} \\
&= \ddot{x}'\boldsymbol{e}'_x + \ddot{y}'\boldsymbol{e}'_y + \ddot{z}'\boldsymbol{e}'_z \\
&\quad + 2\dot{x}'\boldsymbol{\omega} \times \boldsymbol{e}'_x + 2\dot{y}'\boldsymbol{\omega} \times \boldsymbol{e}'_y \\
&\quad + x'\boldsymbol{\omega} \times (\boldsymbol{\omega} \times \boldsymbol{e}'_x) + y'\boldsymbol{\omega} \times (\boldsymbol{\omega} \times \boldsymbol{e}'_y) \\
&= \boldsymbol{a}' + 2\boldsymbol{\omega} \times \boldsymbol{v}' + \boldsymbol{\omega} \times (\boldsymbol{\omega} \times \boldsymbol{r})
\end{aligned} \tag{229}$$

式 (228) と (229) は $\boldsymbol{\omega} \parallel \boldsymbol{e}_z$ として導いたものだが,それぞれ最後の行はベクトルで書かれていることから推測できるように,実は $\boldsymbol{\omega}$ が任意の方向であっても成り立つ式である.

これより,回転座標系での運動方程式にはつぎのように慣性力が含まれることがわかる.

$$\begin{aligned}
m\boldsymbol{a}' &= \boldsymbol{F}' \\
&= \boldsymbol{F} - 2m\boldsymbol{\omega} \times \boldsymbol{v}' - m\boldsymbol{\omega} \times (\boldsymbol{\omega} \times \boldsymbol{r})
\end{aligned}$$

$$= \boldsymbol{F} - 2m\boldsymbol{\omega} \times \boldsymbol{v}' - m\boldsymbol{\omega}(\boldsymbol{\omega} \cdot \boldsymbol{r}) + m\omega^2 \boldsymbol{r} \tag{230}$$

この式も回転軸の方向によらずに一般的に成り立つ式である．この式で，2行目の第2項，$-2m\boldsymbol{\omega} \times \boldsymbol{v}'$ はコリオリ力とよばれる慣性力，第3項，$-m\boldsymbol{\omega}\times(\boldsymbol{\omega} \times \boldsymbol{r})$ は遠心力とよばれる慣性力で，ベクトル3重積の公式を用いると，3行目の形に表せる．$\boldsymbol{\omega}$ が $z$ 軸方向の場合には，この項は $m\omega^2(x,y,0)$ となる．

ここで，慣性力がどのようなものであり，どのようなはたらきをするかを理解するために，いくつかの具体的な例で，慣性力がどのように現れるかをみておこう．

例1：回転系で止まっている質点

レコードプレーヤーのターンテーブルや，遊園地のメリーゴーランドなど，回転する台の上に乗っている質点は，回転座標系では静止しているが，静止系では等速円運動をしている．したがって，回転台の中心を原点とし，台上に $xy$ 面をとった静止系では向心力

$$\boldsymbol{F} = -m\omega^2 \boldsymbol{r} \tag{231}$$

がはたらいているはずである ($\boldsymbol{r} = (x,y,0)$)．この力は，回転台とのあいだの摩擦力によって供給されている．一方，回転系では，式 (230) の 2 種類の力のうち，コリオリ力は $\boldsymbol{v}' = 0$ であるからはたらかず，向心力と遠心力がはたらくが，向心力 $-m\omega^2\boldsymbol{r}$ と遠心力 $m\omega^2\boldsymbol{r}$ は大きさが等しく，向きが逆向きである．この結果，$\boldsymbol{F}' = 0$ となり，質点は静止している．

$$\boldsymbol{F}' = -m\omega^2 \boldsymbol{r} + m\omega^2 \boldsymbol{r} = 0 \tag{232}$$

例2：静止系で止まっている質点

つぎに，静止系で止まっている質点を回転系で観測する場合を調べよう．静止系では力ははたらいていない．一方，回転系では質点は等速円運動を

## 5.3 回転座標系

行う．速度は式 (228) で $v = 0$ であるから，

$$v' = -\omega \times r \tag{233}$$

である．この結果，質点は図 40 に示すように，コリオリ力と，遠心力を受けることになる．

$$\begin{aligned}
F' &= -2m\omega \times v' - m\omega \times (\omega \times r) \\
&= 2m\omega \times (\omega \times r) - m\omega \times (\omega \times r) \\
&= m\omega \times (\omega \times r) \\
&= -m\omega^2 r + m\omega(\omega \cdot r)
\end{aligned} \tag{234}$$

このように，この場合にはコリオリ力と遠心力は逆向きであり，大きさはコリオリ力が遠心力のちょうど 2 倍である．この結果，合力は向心力となり，質点は円運動を行うことになる．

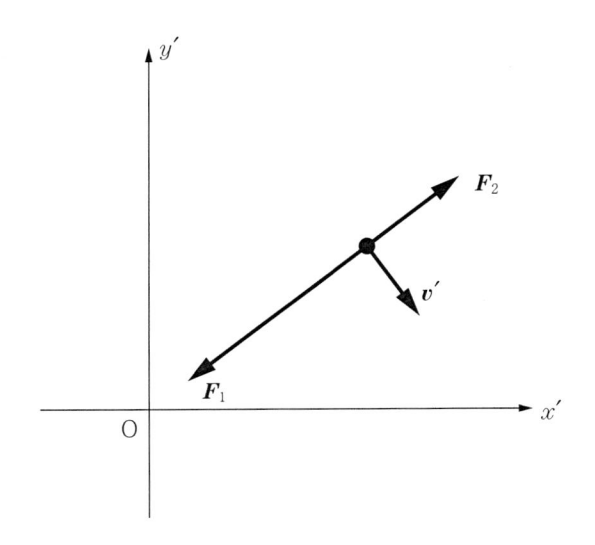

図 40 静止系で止まっている質点にはたらく力．回転系では質点は $v'$ で動いているようにみえる．$F_1$ はコリオリ力，$F_2$ は遠心力である．

地上に固定した座標系は，地球の自転のために回転座標系である．地球のまわりの太陽や，恒星の円運動をもたらす向心力は式 (234) によるものである．この場合，太陽にはたらく向心力は，太陽と地球間の万有引力よりけた違いに大きく，約 $4.4 \times 10^{10}$ 倍であるが，これはほぼ太陽と地球の質量比に $365^2$ を掛けたものに等しい．

### 例3：フーコーの振り子

振り子の錘を最下点から少し横にずらして，静かに放すと，錘は鉛直面内で単振動を行うようにみえる．しかし，精密に測定すると，地球の自転のために，振動面は徐々に回転していることがわかる．長いワイヤーに重い錘をつるし，振幅の減衰を小さくして，この振動面の回転の様子を目でみえるようにしたものをフーコーの振り子という．地球の自転の角振動数を $\omega$，北極からの角度 $\theta$ ラジアン，すなわち北緯 $90 - 180(\theta/\pi)$ 度の地点で，鉛直上方に $z'$ 軸，南に $x'$ 軸をとって地表に固定した座標系は図 41 に示すように，静止系に対して

$$\boldsymbol{\omega} = (-\omega \sin\theta, 0, \omega \cos\theta) \tag{235}$$

で回転している．質点には重力，ワイヤーからの張力 $T$，コリオリ力，遠心力がはたらくが，我々が鉛直方向を定義するときの重力には地球の自転による遠心力は含まれているので，遠心力は考える必要はない．

振り子が静止しているときの錘の位置を原点にとり，ワイヤーの長さを $l$ とすると，ワイヤーからの張力の $x'y'$ 面内の成分は

$$T_x = -T\frac{x'}{l} \tag{236}$$

$$T_y = -T\frac{y'}{l} \tag{237}$$

である．これを質点の回転系での運動方程式

$$m\ddot{\boldsymbol{r}}' = \boldsymbol{T} - 2m\boldsymbol{\omega} \times \boldsymbol{v}' \tag{238}$$

## 5.3 回転座標系

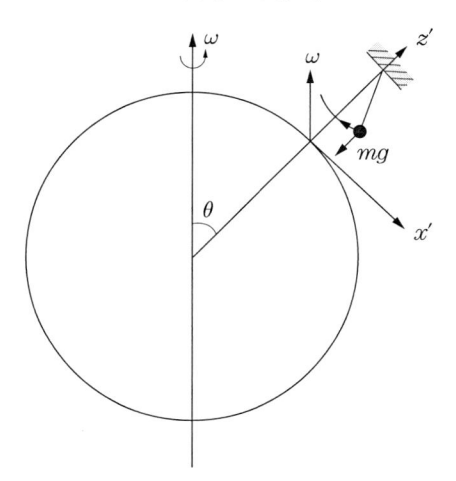

**図 41** フーコーの振り子. 北緯 $\pi/2 - \theta$ の地点に固定された座標系, $x'y'z'$ 系は回転座標系である. 水平面内南の方向に $x'$ 軸, 東の方向に $y'$ 軸, 鉛直上方に $z'$ 軸をとり, $x'y'$ 面内での振り子の運動を議論する.

に代入する.

$$m\ddot{x}' = -T\frac{x'}{l} + 2m\omega\cos\theta\dot{y}' \tag{239}$$

$$m\ddot{y}' = -T\frac{y'}{l} - 2m\omega\cos\theta\dot{x}' \tag{240}$$

式 (240) に $x'$ を掛けたものと, 式 (239) に $y'$ を掛けたものの両辺の差をとると

$$x'\ddot{y}' - y'\ddot{x}' = -2\omega\cos\theta\,(x'\dot{x}' + y'\dot{y}') \tag{241}$$

となるが, 両辺の時間積分を行うと

$$x'\dot{y}' - y'\dot{x}' = -\omega\cos\theta\left(x'^2 + y'^2\right) + C \tag{242}$$

が得られる. 積分定数 $C$ は振り子が $x' = y' = 0$ を通過するとして $0$ にとる. 左辺を $xy$ 面内の $2$ 次元極座標 $(r, \phi)$ で表せば,

$$x'\dot{y}' - y'\dot{x}' = r\cos\phi\left(\dot{r}\sin\phi + r\dot{\phi}\cos\phi\right)$$

$$-r\sin\phi\left(\dot{r}\cos\phi - r\dot{\phi}\sin\phi\right)$$
$$= r^2\dot{\phi} \tag{243}$$

一方，右辺は
$$-\omega\cos\theta\left(x'^2 + y'^2\right) = -\omega\cos\theta\, r^2 \tag{244}$$

である．右辺と左辺を比べることにより，$xy$ 面上での振り子の軌跡を表す角度 $\phi$ の時間変化はつぎのように与えられることがわかる．

$$\dot{\phi} = -\omega\cos\theta \tag{245}$$

したがって，北極 ($\theta = 0$) では振り子の振動面は自転の角速度と同じ大きさで逆向きに回転することがわかるが，これは静止系では振動面は回転しないから当然の結果である．一方，赤道上では振り子の振動面は回転しない．フーコーの振り子は単純ではあるが，地球の自転を目で見える形で示す面白い装置である．

## 例 4：台風のまわりの風の向き

北半球では，台風や低気圧のまわりの空気は反時計まわりにらせんを描いて，中心に吹き込んでくる．これも地球の自転に伴うコリオリ力の効果を示すものである．水平面を $x'y'$ 面とすると，$\boldsymbol{\omega}$ は式 (235) で与えられるので，水平面内を速度 $\boldsymbol{v'}$ で動く質点へのコリオリ力 $-2m\boldsymbol{\omega} \times \boldsymbol{v'}$ の $x'y'$ 面内の成分は進行方向の右方向を向いており，質点は右に曲がる力を受けることになる．したがって，遠方で台風の中心に向かう空気は図 42 に示すように，右方向に曲げられることになる．一方，気圧の差による力はつねに中心を向いており，中心を右にそれた空気の塊の動きを再び中心方向に向けるようにはたらく．この 2 つの力の効果で反時計まわりの渦ができるのである．なお，南半球では $\boldsymbol{\omega}$ の $z'$ 成分の符号が負になるので，台風 (サイクロン) の渦は時計まわりにできる．

また，このことに関連して，風呂の栓を開けたときに流れ出る水がつく

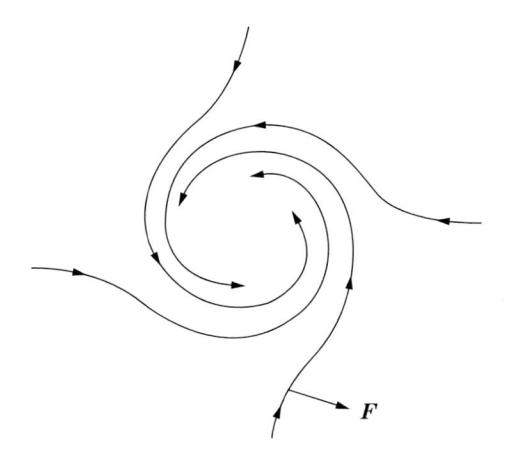

**図 42** 台風のまわりの風の向き．コリオリ力により風は右向きに曲げられる．その結果，北半球では反時計まわりの渦ができる．

る渦の向きもコリオリ力によっていて北半球では反時計まわり，南半球では時計まわりになるとの主張がなされることがある．しかし，簡単な計算でわかるが，この現象で地球の自転の影響が支配的になることはあり得ない．コリオリ力と向心力との比を評価してみると，台風ではこの比は 1 のオーダーであるのに対して，風呂の水の渦の場合はせいぜい $10^{-6}$ 程度のオーダーでしかない．水の動きは速すぎるのである．実際，風呂の水の渦は栓の抜き方や，初めの水の運動の様子などによってどちら向きにも起こるのは経験が示す通りである．

## 演 習 問 題

[1] 部屋の中にレコードプレーヤーが水平に置かれ，レコードが角速度 $\omega$ で時計まわりに回転している．この上を質量 $m$ のテントウムシがレコードの中心から半径 $R$ の位置にある溝に沿って動いている．ここで，テントウムシのレコード盤に対する速さを，反時計まわりを正方向として $v$ とする．地球の自

転の効果は無視して，以下の問いに答えよ．
(1) 部屋の中に立っている君が観測するテントウムシの円運動の速さ $v_0$ を求めよ．
(2) テントウムシに働いている真の力はどのようなものがあるか，名称，大きさ，方向を答えよ．
(3) レコードに固定した回転座標系から見たときにテントウムシに働いていると考えられる力（あらゆる力の合力）の大きさと方向を求めよ．
(4) (3)で求めた力はどのような力の合力であるか？ それぞれの力について，大きさと，方向を求めよ．

[2] 大型の台風とは風速 15 m/s 以上の領域の半径が 500 km 以上のもの，超大型の台風はこれが 800 km 以上のものをいう．いま，半径 500 km の円周上を空気が 15 m/s で円運動をしているとして，この場合の，コリオリ力による加速度と，円運動の向心力の大きさを比較してみよう．
(1) 地球の自転の角速度の大きさ $\omega$ を rad/s で表せ．
(2) 空気の運動（風）に対する北緯 35 度でのコリオリ力による加速度の地表に平行な成分と，向心力の加速度の大きさを計算して比較せよ．
(3) 風呂の栓の場合を考えよう．渦ができていて，栓のまわり，半径 10 cm の位置で水が円運動をしていると仮定する．この場合に円運動の向心力とコリオリ力による加速度が等しくなる水流の速さを求めよ．

# 6章
# 質　点　系

　ここまでは大きさがなく，質量のみをもつ質点の運動を考察してきた．実際の物体は大きさをもつが，その場合でも，質点を考察したことを役立てることができる．すでに述べたように，大きさのある物体は質点の集まりとして記述することができ，そのような質点系の重心の運動はこれまでに調べた質点の運動方程式で記述されるからである．この章では，質点系の運動を調べ，重心の運動が質点の運動とみなせることを示すとともに，質点系固有の運動法則について考察する．

## 6.1　2　質　点　系

　まず，一番簡単な質点系として，2質点の系を考えよう．$j$番目の質点が$i$番目の質点に及ぼす力を$\boldsymbol{F}_{ij}$とする．このように対象とする質点間の力を内力とよぶ．ニュートンの第3法則(作用反作用の法則)より，$\boldsymbol{F}_{12} = -\boldsymbol{F}_{21}$である．また，この質点系以外の物体から$i$番目の質点にはたらく力を外力とよび$\boldsymbol{F}_i$と表す(図43)．このとき，2質点の運動方程式は

$$m_1\ddot{\boldsymbol{r}}_1 = \boldsymbol{F}_1 + \boldsymbol{F}_{12} \tag{246}$$

$$m_2\ddot{\boldsymbol{r}}_2 = \boldsymbol{F}_2 + \boldsymbol{F}_{21}$$
$$= \boldsymbol{F}_2 - \boldsymbol{F}_{12} \tag{247}$$

となる．ここで重心を

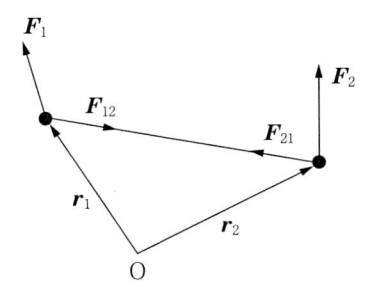

図 43 内力 $\boldsymbol{F}_{ij}$ と外力 $\boldsymbol{F}_i$

$$\boldsymbol{R} \equiv \frac{m_1 \boldsymbol{r}_1 + m_2 \boldsymbol{r}_2}{m_1 + m_2} \tag{248}$$

と定義する．また，2 質点の相対座標 $\boldsymbol{r} \equiv \boldsymbol{r}_1 - \boldsymbol{r}_2$ を定義する．この結果，それぞれの質点の座標はつぎのように表される (図 44)．

$$\boldsymbol{r}_1 = \boldsymbol{R} + \frac{m_2}{m_1 + m_2} \boldsymbol{r} \tag{249}$$

$$\boldsymbol{r}_2 = \boldsymbol{R} - \frac{m_1}{m_1 + m_2} \boldsymbol{r} \tag{250}$$

重心の運動方程式を得るために，式 (246) と式 (247) の和をとる．

$$m_1 \ddot{\boldsymbol{r}}_1 + m_2 \ddot{\boldsymbol{r}}_2 = (m_1 + m_2) \ddot{\boldsymbol{R}} = \boldsymbol{F}_1 + \boldsymbol{F}_2 \tag{251}$$

これより，重心は質量 $M = m_1 + m_2$ をもつ質点として，外力の和のもとで運動することがわかる．

つぎに，相対運動を調べよう．

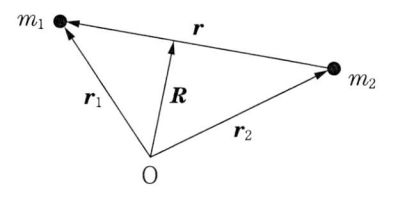

図 44　2 質点系の重心 $\boldsymbol{R}$ と相対座標 $\boldsymbol{r}$

$$\ddot{\boldsymbol{r}} = \ddot{\boldsymbol{r}}_1 - \ddot{\boldsymbol{r}}_2 = \left(\frac{\boldsymbol{F}_1}{m_1} - \frac{\boldsymbol{F}_2}{m_2}\right) + \left(\frac{1}{m_1} + \frac{1}{m_2}\right)\boldsymbol{F}_{12} \tag{252}$$

ここで，換算質量 $\mu$ を次式で定義する．

$$\mu = \frac{m_1 m_2}{m_1 + m_2} \tag{253}$$

この結果，相対運動の運動方程式は

$$\mu \ddot{\boldsymbol{r}} = \boldsymbol{F}_{12} + \mu \left(\frac{\boldsymbol{F}_1}{m_1} - \frac{\boldsymbol{F}_2}{m_2}\right) \tag{254}$$

となる．

とくに外力のはたらかない空間に 2 質点のみが存在して，互いに力を及ぼしあっているときには，$\boldsymbol{F}_1 = \boldsymbol{F}_2 = 0$ であるから，方程式は力 $\boldsymbol{F}_{12}$ のもとでの，質量 $\mu$ の 1 質点の運動方程式に帰着する．質点間の力が万有引力であるとすれば，

$$\boldsymbol{F}_{12} = -G\frac{m_1 m_2}{r^3}\boldsymbol{r} \tag{255}$$

であり，相対座標の運動方程式は原点を中心とする万有引力場における 1 質点の運動方程式と同形となる．$\boldsymbol{r}$ が求まれば，各質点の運動は式 (249) と (250) で与えられるが，とくに $m_1 \gg m_2$ であれば，$\mu \simeq m_2$ であり，重い質点 $m_1$ に対しては $\boldsymbol{r}_1 \simeq \boldsymbol{R}$ である．このため，$m_2$ の運動は $m_1$ が静止している場合の $m_2$ の運動とほぼ等しい．4 章で 1 質点の問題として惑星の運動を議論できたのは，この事情による．

ここで，2 質点系の全運動エネルギーを重心座標と相対座標で表そう．

$$\begin{aligned} K &= \frac{1}{2}m_1 \dot{r}_1^2 + \frac{1}{2}m_2 \dot{r}_2^2 \\ &= \frac{1}{2}m_1 \left(\dot{\boldsymbol{R}} + \frac{m_2}{m_1 + m_2}\dot{\boldsymbol{r}}\right)^2 + \frac{1}{2}m_2 \left(\dot{\boldsymbol{R}} - \frac{m_1}{m_1 + m_2}\dot{\boldsymbol{r}}\right)^2 \\ &= \frac{1}{2}(m_1 + m_2)\dot{R}^2 + \frac{1}{2}\mu \dot{r}^2. \end{aligned} \tag{256}$$

このように，運動エネルギーは重心の運動エネルギー (第 1 項) と，相対運動の運動エネルギー (第 2 項) に分けられる．

## 6.2 一般の質点系

つぎに，$n$ 個の質点系に議論を一般化しよう．

### 6.2.1 運動方程式

前と同様に，外力を $\boldsymbol{F}_i$，内力を $\boldsymbol{F}_{ij}$ とすれば，$i$ 番目の質点の運動方程式は

$$m_i \ddot{\boldsymbol{r}}_i = \boldsymbol{F}_i + \sum_{j=1}^{n}{}' \boldsymbol{F}_{ij}, \quad 1 \leq i \leq n \tag{257}$$

である．ダッシュ付きの和記号 $\sum_{j}'$ は，$j$ の和で $i$ を除くことを表すものとする．内力は，作用反作用の法則よりつぎの関係を満たす．

$$\boldsymbol{F}_{ij} + \boldsymbol{F}_{ji} = 0 \tag{258}$$

すべての質点に対する方程式を辺々足し合わせると内力は打ち消しあい

$$\sum_{i=1}^{n} m_i \ddot{\boldsymbol{r}}_i = \sum_{i=1}^{n} \boldsymbol{F}_i + \sum_{i=1}^{n} \sum_{j=1}^{n}{}' \boldsymbol{F}_{ij} = \sum_{i=1}^{n} \boldsymbol{F}_i \tag{259}$$

となる．ここで，全質量 $M$，重心座標 $\boldsymbol{R}$，重心運動量 $\boldsymbol{P}$ をつぎのように定義する．

$$M \equiv \sum_{i=1}^{n} m_i \tag{260}$$

$$\boldsymbol{R} \equiv \frac{\sum_{i=1}^{n} m_i \boldsymbol{r}_i}{M} \tag{261}$$

$$\boldsymbol{P} \equiv \sum_{i=1}^{n} m_i \boldsymbol{v}_i = M \dot{\boldsymbol{R}} \tag{262}$$

これらを用いると，重心の運動方程式は以下のようになる．

$$M \ddot{\boldsymbol{R}} = \dot{\boldsymbol{P}} = \sum_{i=1}^{n} \boldsymbol{F}_i \tag{263}$$

この式は，大きさのある物体の運動を記述するときに，重心のみに注目すれば，質点として扱ってよいとする主張の基礎となるものである．内力がこの式に現れないことは重要であり，このために，物体内部にはたらく力について何も知らずに，質点系全体にはたらく外力を考えるだけで運動がわかるのである．

### 6.2.2 相対運動と運動エネルギー

質点系の相対運動を調べるために，相対座標 $r_i'$ を図 45 に示すように，重心からの変位として定義する．

$$r_i \equiv R + r_i' \tag{264}$$

相対速度 $v_i' = \dot{r}_i'$ は，つぎのようになる．

$$v_i = \dot{R} + \dot{r}_i' = V + v_i' \tag{265}$$

ここで $V = \dot{R}$ は重心の速度である．これを用いて，運動エネルギーを重心運動と相対運動に分離する．

$$K = \sum_{i=1}^{n} \frac{1}{2} m_i \dot{r}_i^2$$

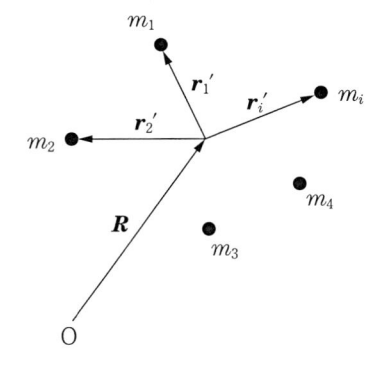

図 45　$n$ 質点系の重心 $R$ と相対座標 $r_i'$

$$= \sum_{i=1}^{n} \frac{1}{2} m_i \left( \boldsymbol{V} + \boldsymbol{v}'_i \right)^2$$
$$= \frac{1}{2} M V^2 + \sum_{i=1}^{n} m_i \boldsymbol{v}'_i \cdot \boldsymbol{V} + \sum_{i=1}^{n} \frac{1}{2} m_i v'^2_i \tag{266}$$

この式の第2項はゼロになることがつぎのように示される．まず，$m_i \boldsymbol{r}_i$ をすべての質点について足し合わせると，式 (261) より $M\boldsymbol{R}$ になるはずだが，$\boldsymbol{r}_i$ に式 (264) を用いると，

$$\sum_{i=1}^{n} m_i \boldsymbol{r}_i = \sum m_i \left( \boldsymbol{R} + \boldsymbol{r}'_i \right) = M\boldsymbol{R} + \sum_{i=1}^{n} m_i \boldsymbol{r}'_i \tag{267}$$

となる．したがって，この式の第2項はゼロであり，その時間微分も消える．

$$\sum_{i=1}^{n} m_i \boldsymbol{r}'_i = 0, \quad \sum_{i=1}^{n} m_i \boldsymbol{v}'_i = 0 \tag{268}$$

この結果，運動エネルギーは重心と相対運動に分離する．

$$K = \frac{1}{2} M V^2 + \frac{1}{2} \sum_{i=1}^{n} m_i v'^2_i \tag{269}$$

### 6.2.3 角運動量

つぎに，質点系の角運動量を調べよう．個々の質点の原点のまわりの角運動量は

$$\boldsymbol{l}_i = m_i \boldsymbol{r}_i \times \boldsymbol{v}_i \tag{270}$$

である．全角運動量はこれらの式の和として，以下のようになる．

$$\boldsymbol{L} = \sum_{i=1}^{n} \boldsymbol{l}_i$$
$$= \sum_{i=1}^{n} m_i \left( \boldsymbol{R} + \boldsymbol{r}'_i \right) \times \left( \boldsymbol{V} + \boldsymbol{v}'_i \right)$$
$$= \sum_{i=1}^{n} (m_i \boldsymbol{R} \times \boldsymbol{V} + m_i \boldsymbol{r}'_i \times \boldsymbol{V} + m_i \boldsymbol{R} \times \boldsymbol{v}'_i + m_i \boldsymbol{r}'_i \times \boldsymbol{v}'_i)$$

$$= M\boldsymbol{R} \times \boldsymbol{V} + \sum_{i=1}^{n} m_i \boldsymbol{r}'_i \times \boldsymbol{v}'_i$$
$$\equiv \boldsymbol{L}_{\mathrm{G}} + \boldsymbol{L}' \tag{271}$$

ここで，3行目から4行目を導くのに式 (268) を用いた．4行目の第1項は重心の運動の原点のまわりの角運動量 $\boldsymbol{L}_{\mathrm{G}}$，第2項は相対運動の (重心のまわりの) 角運動量 $\boldsymbol{L}'$ である．

この角運動量の運動方程式を求めよう．個々の質点の角運動量の方程式の和をとることにより，

$$\begin{aligned}
\frac{\mathrm{d}\boldsymbol{L}}{\mathrm{d}t} &= \sum_{i=1}^{n} m_i \boldsymbol{r}_i \times \boldsymbol{a}_i \\
&= \sum_{i=1}^{n} \boldsymbol{r}_i \times \left( \boldsymbol{F}_i + \sum_{j \neq i}^{n} \boldsymbol{F}_{ij} \right) \\
&= \sum_{i=1}^{n} \boldsymbol{r}_i \times \boldsymbol{F}_i + \sum_{i=1}^{n} \sum_{j \neq i}^{n} \boldsymbol{r}_i \times \boldsymbol{F}_{ij} \\
&= \sum_{i=1}^{n} \boldsymbol{r}_i \times \boldsymbol{F}_i + \sum_{j=1}^{n} \sum_{i \neq j}^{n} \boldsymbol{r}_j \times \boldsymbol{F}_{ji} \\
&= \sum_{i=1}^{n} \boldsymbol{r}_i \times \boldsymbol{F}_i + \frac{1}{2} \sum_{i=1}^{n} \sum_{j \neq i}^{n} (\boldsymbol{r}_i - \boldsymbol{r}_j) \times \boldsymbol{F}_{ij} \\
&= \sum_{i=1}^{n} \boldsymbol{r}_i \times \boldsymbol{F}_i
\end{aligned} \tag{272}$$

が得られる．ただし，3行目から4行目への変形は単に第2項の添え字 $i$ と $j$ を入れ替えたものである．3行目と4行目は同じものだから，足して2で割っても同じである．このとき，4行目の $\boldsymbol{F}_{ij}$ を作用反作用の法則の結果である $\boldsymbol{F}_{ij} = -\boldsymbol{F}_{ji}$ を用いて $-\boldsymbol{F}_{ji}$ で置き換えれば5行目が得られる．6行目で5行目の第2項が消えているのは，質点間の力 $\boldsymbol{F}_{ij}$ は普通は中心力であり，両質点を結ぶ方向にはたらくから $\boldsymbol{F}_{ij}$ は $\boldsymbol{r}_i - \boldsymbol{r}_j$ に平行であり，ベクトル積はゼロであることを用いている．内力が式から消えてしまうこ

とは，内力は質点系の全角運動量を変化させないことを表している．

この式とは別に，重心の角運動量の運動方程式は以下のように得られる．

$$\frac{d\boldsymbol{L}_G}{dt} = M\boldsymbol{R} \times \dot{\boldsymbol{V}} = \boldsymbol{R} \times \sum_{i=1}^{n} \boldsymbol{F}_i \tag{273}$$

この式も，質点系の重心は質点として扱えることを示している．すなわち，この式は重心の位置に外力の和が加わった質点での角運動量の方程式と等しい．

式 (271)〜(273) より相対運動の角運動量の運動方程式は

$$\frac{d\boldsymbol{L}'}{dt} = \frac{d}{dt}(\boldsymbol{L} - \boldsymbol{L}_G) = \sum_{i=1}^{n} \boldsymbol{r}'_i \times \boldsymbol{F}_i \tag{274}$$

である．すなわち，重心のまわりの角運動量は重心の運動に無関係に，重心を原点とした場合の質点系の角運動量の方程式に従う．

## 演 習 問 題

[1] 摩擦のない $xy$ 平面上のみを運動する同じ質量 $m$ の 2 つの質点がある．初め，第 1 の質点は原点に静止している．ここに，第 2 の質点が $x$ 軸上を $x < 0$ の領域から原点に向かって速度 $\boldsymbol{v} = (v_0, 0)$ で進行してきて，原点で 2 質点は衝突する．この衝突は弾性衝突であり，全運動エネルギーは保存するものとする．第 1 の質点が衝突後，速度 $\boldsymbol{v}_1 = (v_1 \cos\theta, v_1 \sin\theta)$ を持つとき，$v_1$ の大きさと，第 2 の質点の速度 $\boldsymbol{v}_2$ はどうなるか？$v_0$ と $\theta$ を用いて表せ．

[2] 3 個の質点の系がある．質量と，ある瞬間の位置，速度は以下のようである．

$$m_1 = 3.0\,\text{kg}, \quad \boldsymbol{r}_1 = (5.0, 0.0, 0.0)\,\text{m}, \quad \boldsymbol{v}_1 = (0.0, 2.0, 0.0)\,\text{m/s}$$

$$m_2 = 2.0\,\text{kg}, \quad \boldsymbol{r}_2 = (0.0, 2.0, 0.0)\,\text{m}, \quad \boldsymbol{v}_2 = (0.0, 0.0, 5.0)\,\text{m/s}$$

$$m_3 = 5.0\,\text{kg}, \quad \boldsymbol{r}_3 = (0.0, 0.0, 3.0)\,\text{m}, \quad \boldsymbol{v}_3 = (1.0, 3.0, 0.0)\,\text{m/s}$$

(1) 全質量 $M$，重心位置 $\boldsymbol{R}$，重心運動量 $\boldsymbol{P}$，重心速度 $\boldsymbol{V}$，重心の運動エネルギー $(1/2)MV^2$，重心の角運動量 $\boldsymbol{L}_G = M\boldsymbol{R} \times \boldsymbol{V}$ を求めよ．

(2) 各質点の重心から見た相対位置 $\boldsymbol{r}'_i$ を求め，$\sum_i m_i \boldsymbol{r}'_i = 0$ であることを

確かめよ.

(3) 各質点の重心から見た相対速度 $\boldsymbol{v}'_i$ を求め，$\sum_i m_i \boldsymbol{v}'_i = 0$ であることを確かめよ.

(4) 各質点の運動エネルギー $m_i v_i^2/2$, 重心から見た運動エネルギー $m_i v_i'^2/2$ を求め，それぞれについて 3 質点で和をとることにより，式 (269) が成り立つことを確かめよ.

(5) 各質点の角運動量 $\boldsymbol{l}_i$, 重心から見た角運動量 $\boldsymbol{l}' = m_i \boldsymbol{r}'_i \times \boldsymbol{v}'_i$ を求め，それぞれについて 3 質点で和をとることにより，式 (271) が成り立つことを確かめよ.

# 7章
# 剛 体

　大きさのある物体の運動を取り扱うのに際して，ある程度硬い物体では，その物体の変形を無視しても，近似的には正しい結果が得られるだろう．そこで，理想化を行い，まったく変形しない物体を考えて，これを剛体とよぶ．剛体は質点系の一種であり，質点系にあてはまることは，すべて剛体でもあてはまる．剛体が変形しないということにより，剛体は任意の2質点間の距離が一定値に保たれる質点系ということになる．物体を剛体とみなすことにより，物体の重心運動のみならず，全体としての回転運動も議論できるようになる．

## 7.1 剛体と釣合い

　剛体は変形しない物体なので，重心と方向の自由度のみをもつ．自由度の数は，重心の位置で3自由度，剛体の中に任意にとった軸の方向で2自由度，その軸のまわりの回転の角度で1自由度あり，全部で6つの自由度のみである．剛体にはたらく力が釣り合って静止しているとき，全運動量 $\bm{P} = 0$，全角運動量 $\bm{L} = 0$ であるが，これらの条件式はそれぞれベクトルであり，3成分ずつをもち自由度の数と等しいから，これらの式で釣合いの条件は完全に決定される．まず，全運動量の式より

$$\dot{\bm{P}} = \sum_{i=1}^{n} \bm{F}_i = 0 \tag{275}$$

であり，外力の和がゼロであることが必要である．つぎに角運動量については，$r_0$ を任意の点として，

$$\begin{aligned}\dot{L} &= \sum_{i=1}^n r_i \times F_i \\ &= \sum_{i=1}^n r'_i \times F_i \\ &= \sum_{i=1}^n (r'_i - r_0) \times F_i = 0\end{aligned} \qquad (276)$$

が成り立つ．ここで，1行目から2行目，3行目に移るのに，外力の和がゼロであることを用いている．1行目は原点のまわりの力のモーメントがゼロであること，2行目は重心のまわりの力のモーメントがゼロであることを表している．3行目の $r_0$ は任意の点であり，外力の和がゼロの場合，剛体の釣合いを決めるための力のモーメントは任意の点のまわりで調べて，それがゼロであればよいことを示している．つまり，剛体の釣合いを議論するときには一番計算しやすい点のまわりの力のモーメントを調べればよい．

これまでは，剛体を $n$ 個の質点の集まりとして式を立ててきた．しかし，実際の剛体は連続体である．この場合の取扱い法を考察しよう．剛体を微小部分 $dV$ に分割し，それぞれを質点とみなすことにする．このとき，剛体の単位体積あたりの質量，すなわち密度を $\rho(r)$ とすると，剛体中の位置 $r$ を含む微小部分 $dV$ の質量は $\rho(r)dV$ である．これより剛体の全質量 $M$ は

$$M = \sum_i \rho(r_i) \, dV = \int \rho(r) \, dV \qquad (277)$$

重心 $R$ は

$$MR = \sum_i r_i \rho(r_i) \, dV = \int r \rho(r) \, dV \qquad (278)$$

で定義される．

つぎに，力や，力のモーメントをどのように取り扱うべきか，重力を例にして考察しよう．重力加速度 $g$ のもとで，剛体の微小部分には

## 7.1 剛体と釣合い

$$F_i = \rho(r)g\mathrm{d}V \tag{279}$$

の力がはたらく．剛体全体での外力の和は

$$\sum_{i=1}^{n} F_i = g\int \rho(r)\mathrm{d}V = Mg \tag{280}$$

である．

剛体にはたらく力のモーメントは

$$\begin{aligned}\sum_{i=1}^{n} r_i \times F_i &= \int (r \times g)\rho(r)\mathrm{d}V \\ &= \int r\rho(r)\mathrm{d}V \times g \\ &= MR \times g \end{aligned} \tag{281}$$

であり，重心に重力 $Mg$ がはたらくと考えてよいことがわかった．ただし，ここで，第 2 行目から第 3 行目を得るのに，式 (278) を用いている．

釣合いの例として，摩擦のない，滑らかな壁に立てかけた長さ $L$ の棒の釣合いを考察しよう．図 46 に示すように棒には重力のほかに，床からの垂直抗力 $N_1$，摩擦力 $f$，壁からの垂直抗力 $N_2$ がはたらく．力の釣合いの式は，鉛直方向は

$$N_1 = Mg \tag{282}$$

であり，水平方向は

$$N_2 = f \leq \mu N_1 \tag{283}$$

である．摩擦力 $f$ は静摩擦係数を $\mu$ として，$\mu N_1$ より小さくなければならない．つぎに，棒の下端のまわりの力のモーメントの釣合いを調べよう．この点のまわりでは，$N_1$ と $f$ による力のモーメントはゼロだから，残りの重力と，壁からの垂直抗力による力のモーメントの釣合いとして

$$N_2 L\cos\theta = \frac{1}{2}MgL\sin\theta \tag{284}$$

となる．これらの式から $N_1$ と $N_2$ を消去すると，

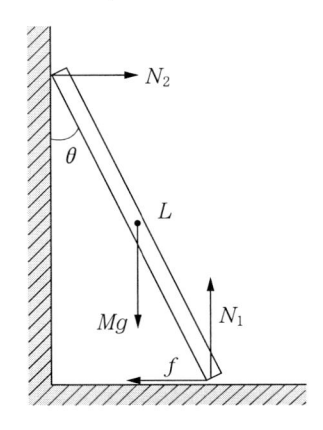

図 46 剛体の釣合いの例．壁に立てかけた棒には重力 $Mg$，壁からの垂直抗力 $N_2$，床からの垂直抗力 $N_1$，摩擦力 $f$ がはたらいている．

$$f = \frac{1}{2} Mg \tan\theta \leq \mu Mg \tag{285}$$

$$\tan\theta \leq 2\mu \tag{286}$$

が得られる．したがって，棒の釣合いのためには角度 $\theta$ はこの条件 (286) を満たさなければならない．

## 7.2 固定軸のある剛体の運動

つぎに，運動する剛体の一番簡単な例として，ある固定された軸のまわりの剛体の運動を考察する．図 47 に示すように，固定軸を $z$ 軸にして，回転の角速度を $\omega$ とする．$\omega$ は時間変化してかまわない．この剛体に固定した座標系は回転座標系となるので，そのときの議論を利用することができる．この剛体に固定した座標系では，剛体の各点は動かないので，$v' = 0$ である．式 (228) より $z$ 方向を向いた角速度ベクトル $\omega$ を用いて，剛体上の点 $r$ の静止座標系での速度は

## 7.2 固定軸のある剛体の運動

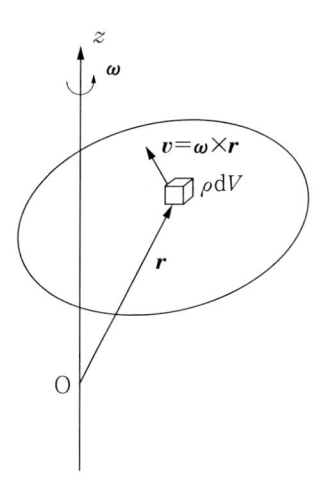

**図 47** 固定軸のある剛体. $z$ 軸のまわりに角速度 $\omega$ で回転する剛体の $r$ の位置の微小質量 $\rho \mathrm{d}V$ は速度 $\bm{v} = \bm{\omega} \times \bm{r}$ で回転する. ただし, $\bm{\omega} = (0, 0, \omega)$ である.

$$\bm{v} = \bm{\omega} \times \bm{r} \tag{287}$$

である. これより, 剛体の回転軸, すなわち $z$ 軸方向の角運動量は

$$\begin{aligned}
L_z &= \sum_i (m_i \bm{r}_i \times \bm{v}_i)_z = \int \rho(\bm{r}) \, (\bm{r} \times \bm{v})_z \, \mathrm{d}V \\
&= \int \rho(\bm{r}) \left[ \bm{r} \times (\bm{\omega} \times \bm{r}) \right]_z \mathrm{d}V \\
&= \int \rho(\bm{r}) \left[ r^2 \bm{\omega} - \bm{r}(\bm{\omega} \cdot \bm{r}) \right]_z \mathrm{d}V \\
&= \omega \int \rho(\bm{r}) \, (x^2 + y^2) \, \mathrm{d}V \\
&\equiv I\omega
\end{aligned} \tag{288}$$

となる. ここで, 慣性モーメント $I$ を定義した. 剛体の自由度は回転の角度のみであるので, 剛体の運動は $L_z$ の運動方程式で完全に記述される.

$$\frac{\mathrm{d}L_z}{\mathrm{d}t} = I \frac{\mathrm{d}\omega}{\mathrm{d}t} = \sum_i (\bm{r}_i \times \bm{F}_i)_z = \tau_z \tag{289}$$

なお，このようにある軸のまわりの回転を考える場合に，その軸のまわりの力のモーメント $\tau_z$ はトルクとよばれる．

この回転運動の運動エネルギーは

$$\begin{aligned}
K &= \frac{1}{2}\int \rho(\boldsymbol{r})\, v^2 \mathrm{d}V \\
&= \frac{1}{2}\int \rho(\boldsymbol{r})(\boldsymbol{\omega}\times\boldsymbol{r})\cdot(\boldsymbol{\omega}\times\boldsymbol{r})\,\mathrm{d}V \\
&= \frac{\omega^2}{2}\int \rho(\boldsymbol{r})\left(x^2+y^2\right)\mathrm{d}V \\
&= \frac{1}{2}I\omega^2
\end{aligned} \tag{290}$$

である．$x$ 軸上の質点の運動と比較すると，剛体の回転角を $\phi$ として，つぎの対応関係があることがわかる．

$$M \leftrightarrow I \tag{291}$$

$$x \leftrightarrow \phi \tag{292}$$

$$v \leftrightarrow \omega \tag{293}$$

$$p_x \leftrightarrow L_z \tag{294}$$

$$F_x \leftrightarrow \tau_z \tag{295}$$

固定軸のある剛体の例としては，建物のドア，滑車，後で考察する実体振り子などがある．

慣性モーメントについては回転半径という量で考えることもある．

$$\begin{aligned}
I &= \int \left(x^2+y^2\right)\rho(\boldsymbol{r})\,\mathrm{d}V \\
&\equiv Mk^2
\end{aligned} \tag{296}$$

1 行目は慣性モーメントの定義式であるが，2 行目で定義された $k$ を回転半径とよぶ．

回転軸は重心を通るとはかぎらない．図 48 に示すように，回転軸が重心を通る軸から，$d$ だけ離れているときの，回転軸のまわりの慣性モーメン

## 7.2 固定軸のある剛体の運動

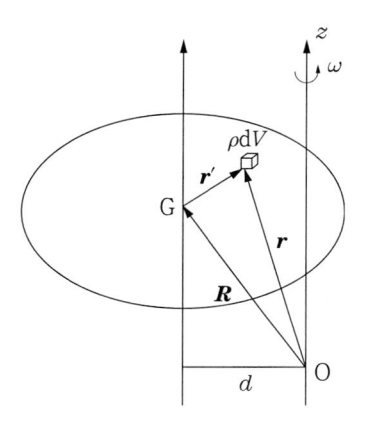

図 48 重心を通る軸から $d$ 離れた軸のまわりの慣性モーメント

ト $I$ と重心を通る平行な軸のまわりの慣性モーメント $I_\mathrm{G}$ の関係を求めておこう．回転軸上に $z$ 軸をとり，軸上の原点からみた重心の位置ベクトルを $\boldsymbol{R}=(X,Y,Z)$ とする．$d=\sqrt{X^2+Y^2}$ である．位置 $\boldsymbol{r}$ にある微小体積 $\mathrm{d}V$ の重心からの相対位置ベクトルを $\boldsymbol{r}'$ とすると，$\boldsymbol{r}=\boldsymbol{R}+\boldsymbol{r}'$ である．これらの式から，重心から離れた軸のまわりの慣性モーメントは，次式で与えられる．

$$\begin{aligned}
I &= \int \left(x^2+y^2\right)\rho\left(\boldsymbol{r}\right)\mathrm{d}V \\
&= \int \left[(x'+X)^2+(y'+Y)^2\right]\rho\left(\boldsymbol{r}\right)\mathrm{d}V \\
&= \int (x'^2+y'^2)\rho\left(\boldsymbol{r}\right)\mathrm{d}V \\
&\quad +2\int (x'X+y'Y)\rho\left(\boldsymbol{r}\right)\mathrm{d}V + \left(X^2+Y^2\right)\int\rho(\boldsymbol{r})\mathrm{d}V \\
&= I_\mathrm{G}+Md^2 \tag{297}
\end{aligned}$$

ここで，慣性モーメントをいくつか例示しよう．
1) 長さ $2a$，線密度 $\sigma$ の細い棒の重心のまわりの慣性モーメント

$$I_G = \int_{-a}^{a} \sigma x^2 \mathrm{d}x = \frac{2}{3}\sigma a^3 = \frac{1}{3}Ma^2 \tag{298}$$

2) 棒の端のまわりの慣性モーメント

$$I = I_G + Ma^2 = \frac{4}{3}Ma^2 \tag{299}$$

3) 薄い円板の中心を通り円に垂直な軸のまわりの慣性モーメント

面密度を $\rho$,半径を $a$ とすると

$$I = \int_0^a \rho r^2 2\pi r \mathrm{d}r = \frac{\pi}{2}\rho a^4 = \frac{1}{2}Ma^2 \tag{300}$$

4) 半径 $a$ の球の中心のまわりのモーメント

密度を $\rho$ とすると

$$\begin{aligned}
I &= \int_0^a r^2 \mathrm{d}r \int_0^\pi \sin\theta \mathrm{d}\theta \int_0^{2\pi} \mathrm{d}\phi \rho r^2 \sin^2\theta \\
&= 2\pi\rho \int_0^a \mathrm{d}r \int_0^\pi \mathrm{d}\theta r^4 \sin\theta \left(1 - \cos^2\theta\right) \\
&= \frac{8\pi}{3}\rho \int_0^a \mathrm{d}r r^4 \\
&= \frac{8\pi}{15}\rho a^5 = \frac{2}{5}Ma^2
\end{aligned} \tag{301}$$

ここで,固定軸のある剛体の運動の例として実体振り子を考察しよう.質点が糸でつられた振り子ではなく,図 49 に示すように,固体の一端に回転軸がある振り子を実体振り子という.固定軸と重心の距離を $d$ として,軸のまわりの慣性モーメントを $I$ とすると,微小振動の運動方程式は

$$I\frac{\mathrm{d}^2\theta}{\mathrm{d}t^2} = -Mgd\sin\theta \simeq -Mgd\theta \tag{302}$$

である.これより $\omega = \sqrt{Mgd/I}$ として

$$\theta = A\cos(\omega t + \alpha) \tag{303}$$

が一般解となる.

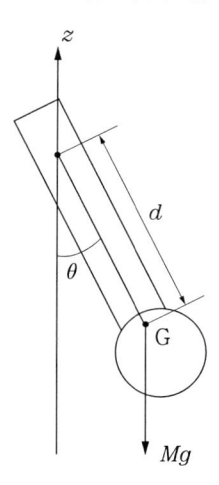

図 49 実体振り子．柱時計の振り子のように，剛体が 1 点で支えられ，そのまわりで回転できるものを実体振り子という．固定点と重心 G の距離を $d$，振れの角度を $\theta$ とする．

## 7.3 剛体の平面運動

つぎに簡単な運動は，剛体がある平面上を動く場合である．このとき，重心の運動する平面を $xy$ 面にすると，回転軸はつねに $z$ 軸方向である．その位置が固定されていない重心は $xy$ 面内のみを動くから，剛体の運動は重心の $xy$ 座標 $(x,y)$ と，回転軸のまわりの回転角 $\phi$ の 3 つの自由度で完全に記述される．

重心のまわりの慣性モーメントを $I_\mathrm{G}$，剛体の質量を $M$ とすると，運動方程式は重心の位置に関して

$$M\frac{\mathrm{d}^2 x}{\mathrm{d}t^2} = \sum_i F_{ix} \tag{304}$$

$$M\frac{\mathrm{d}^2 y}{\mathrm{d}t^2} = \sum_i F_{iy} \tag{305}$$

重心のまわりの回転角に関して

$$I_\mathrm{G}\frac{\mathrm{d}^2\phi}{\mathrm{d}t^2} = \sum \left(\boldsymbol{r}_i' \times \boldsymbol{F}_i\right)_z \tag{306}$$

となる.

この方程式で記述される運動の例として,斜面をすべらずに転がる円柱を考察しよう.半径を $a$,長さを $l$,質量を $M$,慣性モーメントを $I$,斜面の角度を $\theta$ とする.図 50 のように座標系を設定すると,運動方程式は

$$M\frac{\mathrm{d}^2x}{\mathrm{d}t^2} = Mg\sin\theta - F \tag{307}$$

$$M\frac{\mathrm{d}^2y}{\mathrm{d}t^2} = N - Mg\cos\theta \tag{308}$$

$$I\frac{\mathrm{d}^2\phi}{\mathrm{d}t^2} = -aF \tag{309}$$

である.ただし,$F$ は斜面からの摩擦力,$N$ は斜面からの垂直抗力であり,円柱が斜面から離れたり,めり込んだりしないためには $y$ 方向の方程式 (308) より

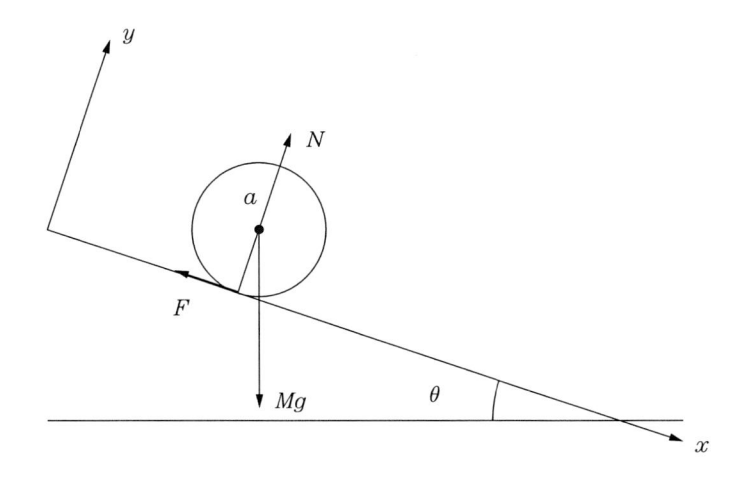

**図 50** 斜度 $\theta$ の斜面を転がる円柱.円柱には重力 $Mg$,斜面からの垂直抗力 $N$ と,摩擦力 $F$ がはたらく.斜面にそって $x$ 軸,それに垂直に $y$ 軸を設定する.

$$N = Mg\cos\theta \tag{310}$$

でなければならない．円柱と斜面がすべらない場合には重心の位置 $x$ と，回転角度 $\phi$ にはつぎの関係がある．

$$\frac{\mathrm{d}x}{\mathrm{d}t} = -a\frac{\mathrm{d}\phi}{\mathrm{d}t} \tag{311}$$

式 (307) と (309) を用いて $F$ を消去し，上の関係を用いると，

$$Ma^2\frac{\mathrm{d}^2\phi}{\mathrm{d}t^2} + I\frac{\mathrm{d}^2\phi}{\mathrm{d}t^2} = -Mga\sin\theta \tag{312}$$

すなわち，

$$\frac{\mathrm{d}^2\phi}{\mathrm{d}t^2} = -\frac{Mga\sin\theta}{Ma^2 + I} \tag{313}$$

$$\frac{\mathrm{d}^2 x}{\mathrm{d}t^2} = \frac{Mga^2\sin\theta}{Ma^2 + I} \tag{314}$$

が得られる．この式から，重心の加速度は慣性モーメントが大きいほど小さくなることがわかる．これは，剛体が斜面を転がり落ちるときに解放される重力の位置エネルギーが重心の運動エネルギーのみならず，回転のエネルギーにも使われる結果である．剛体の回転運動のエネルギーは式 (290) に示すように慣性モーメントに比例している．逆に，慣性モーメントが小さくなると，加速度は大きくなり，$I = 0$ で重心の $x$ 方向の加速度は $g\sin\theta$ になるが，これは同じ斜面を摩擦なしにすべり降りる質点の場合と等しい．質点は大きさが無限小であるので，慣性モーメントがゼロであることの結果であるといってもよいが，さらに，慣性モーメントがゼロの場合には，回転にはエネルギーが伴わないので，質点の運動には回転 (質点の自転) を考える必要がないことも意味している．

## 7.4　一般の剛体の運動

ここまでは，剛体の回転軸の方向が決まっていて，回転の自由度は 1 の場合を考察してきたが，ここからは回転軸の方向の自由度 2 が加わって，剛

体の方向が完全に自由な場合を考察する．この場合，2つの可能性がある．1つは床の上でまわるコマでしばしばみられるように，剛体に固定点がある場合であり，もう1つは，地球のように，どの点も固定されていない場合である．回転を議論する場合，剛体に固定した座標系を導入することになるが，それぞれで，原点のとり方を変えたほうが都合がよい．すなわち，固定点がある場合は固定点を原点にとり，その他の場合は重心を原点にとるのがよい．

上で原点のとり方を指定したが，剛体の回転運動を記述する角速度ベクトル $\boldsymbol{\Omega}$ は，原点のとり方によらず，剛体全体に対し共通のベクトルで与えられることをまず示そう．原点を剛体系の重心にとったとき，静止系での重心の速度を $\boldsymbol{V}$ とすると，重心に対して相対位置 $\boldsymbol{r}$ の点の速度は

$$\boldsymbol{v} = \boldsymbol{V} + \boldsymbol{\Omega} \times \boldsymbol{r} \tag{315}$$

である．つぎに剛体上で別の原点を考えよう．このとき，先ほどの点は $\boldsymbol{r} = \boldsymbol{r}' + \boldsymbol{a}$ と表される．このときの原点の速度を $\boldsymbol{V}'$ として，回転の角速度が $\boldsymbol{\Omega}'$ であるとすれば，静止系での速度は

$$\boldsymbol{v} = \boldsymbol{V}' + \boldsymbol{\Omega}' \times \boldsymbol{r}' \tag{316}$$

となる．一方，式 (315) に $\boldsymbol{r} = \boldsymbol{r}' + \boldsymbol{a}$ を代入すると，

$$\begin{aligned}\boldsymbol{v} &= \boldsymbol{V} + \boldsymbol{\Omega} \times (\boldsymbol{r}' + \boldsymbol{a}) \\ &= \boldsymbol{V} + \boldsymbol{\Omega} \times \boldsymbol{a} + \boldsymbol{\Omega} \times \boldsymbol{r}'\end{aligned} \tag{317}$$

であるが，

$$\boldsymbol{V}' = \boldsymbol{V} + \boldsymbol{\Omega} \times \boldsymbol{a} \tag{318}$$

より，期待通り $\boldsymbol{\Omega}' = \boldsymbol{\Omega}$ が得られる．

### 7.4.1 角運動量と慣性テンソル

つぎに回転の角速度 $\boldsymbol{\Omega}$ と剛体系の原点のまわりの角運動量 $\boldsymbol{L}$ の関係を調べよう．

## 7.4 一般の剛体の運動

$$\begin{aligned}
\boldsymbol{L} &= \sum m_i \boldsymbol{r}_i \times \boldsymbol{v}_i \\
&= \int \rho(\boldsymbol{r}) \, \boldsymbol{r} \times (\boldsymbol{\Omega} \times \boldsymbol{r}) \, \mathrm{d}V \\
&= \int \rho(\boldsymbol{r}) \left[ r^2 \boldsymbol{\Omega} - (\boldsymbol{\Omega} \cdot \boldsymbol{r}) \boldsymbol{r} \right] \mathrm{d}V \\
&\equiv \mathsf{I}\boldsymbol{\Omega} \tag{319}
\end{aligned}$$

ここで，$\mathsf{I}$ は慣性テンソルとよばれる 3 行 3 列のテンソルであり，角運動量を成分ごとに表すと，$\alpha, \beta = x, y, z$ として $L_\alpha = \sum_\beta I_{\alpha\beta} \Omega_\beta$ である．この式で $I_{\alpha\beta}$ は慣性テンソル $\mathsf{I}$ の成分である．角速度ベクトルと角運動量ベクトルが平行になるのは，特別な場合にかぎられ，一般的にはこれらは平行にはならない (図 51).

慣性テンソルの各成分を具体的に表すと，

$$I_{xx} = \int \rho(\boldsymbol{r}) \left( y^2 + z^2 \right) \mathrm{d}V \tag{320}$$

$$I_{yy} = \int \rho(\boldsymbol{r}) \left( x^2 + z^2 \right) \mathrm{d}V \tag{321}$$

$$I_{zz} = \int \rho(\boldsymbol{r}) \left( x^2 + y^2 \right) \mathrm{d}V \tag{322}$$

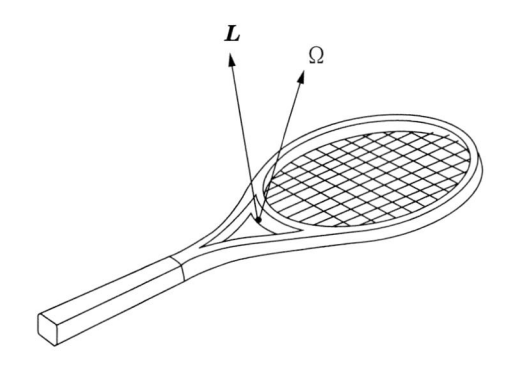

図 51　角速度ベクトル $\boldsymbol{\Omega}$ と角運動量ベクトル $\boldsymbol{L}$. 一般にはこれらは平行ではない．

$$I_{yz} = I_{zy} = -\int \rho(\boldsymbol{r}) yz \mathrm{d}V \tag{323}$$

$$I_{zx} = I_{xz} = -\int \rho(\boldsymbol{r}) xz \mathrm{d}V \tag{324}$$

$$I_{xy} = I_{yx} = -\int \rho(\boldsymbol{r}) xy \mathrm{d}V \tag{325}$$

となる．ここで，対角成分，$I_{xx}, I_{yy}, I_{zz}$ はそれぞれ $x, y, z$ 軸のまわりの慣性モーメントに等しい．一方，非対角成分の符号を逆にしたもの，$-I_{yz}, -I_{zx}, -I_{xy}$ はそれぞれ $x, y, z$ 軸のまわりの慣性乗積とよばれる．

ここで慣性テンソルの性質をみておこう．まず，慣性モーメントは不等式 $I_{xx} + I_{yy} \geq I_{zz}$ を満たす．つぎに，重心のまわりの慣性テンソル $\mathsf{I}$ と重心からの変位が $\boldsymbol{a}$ である点のまわりの慣性テンソル $\mathsf{I}'$ の関係は $M$ を剛体の質量として，つぎのようになる．

$$I'_{\alpha\beta} = I_{\alpha\beta} + M\left(a^2 \delta_{\alpha,\beta} - a_\alpha a_\beta\right) \tag{326}$$

ここで，$\delta_{\alpha,\beta}$ は式 (43) で定義されたクロネッカーのデルタである．

剛体系の座標系を回転した場合の変換性は，$\boldsymbol{r}, \boldsymbol{L}, \boldsymbol{\Omega}$ などのベクトルが $\boldsymbol{r}', \boldsymbol{L}', \boldsymbol{\Omega}'$ になるとき，これらのベクトルが共通の特殊直交行列を用いて

$$\boldsymbol{A} = \begin{pmatrix} l_1, m_1, n_1 \\ l_2, m_2, n_2 \\ l_3, m_3, n_3 \end{pmatrix} \boldsymbol{A}' \tag{327}$$

と変換されるのに対して，$I_{xx}, I_{yy}, I_{zz}, I_{xy}, I_{yz}, I_{zx}$ はそれぞれ $x^2, y^2, z^2, xy, yz, zx$ のように変換される．すなわち，

$$I_{xx} = l_1^2 I'_{xx} + m_1^2 I'_{yy} + n_1^2 I'_{zz} + 2m_1 n_1 I'_{yz} + 2n_1 l_1 I'_{zx} + 2l_1 m_1 I'_{xy}$$

このように変換するものを 2 階のテンソルという．ちなみに，1 階のテンソルは $\boldsymbol{r}$ のように変換するもの，すなわちベクトルである．2 階のテンソルとベクトルの積はベクトルとなる．

ベクトルのスカラー積 $\boldsymbol{A} \cdot \boldsymbol{B}$ は座標変換で不変である．したがって，$\boldsymbol{r}\mathsf{I}\boldsymbol{r}$

も座標変換で不変，すなわち

$$I_{xx}x^2 + I_{yy}y^2 + I_{zz}z^2 + 2I_{yz}yz + 2I_{zx}zx + 2I_{xy}xy \tag{328}$$

は座標変換で不変である．この式の値を 1 とすると，これは楕円体を表す式になる．この楕円体を慣性楕円体とよぶ．

慣性楕円体の主軸を慣性主軸とよぶが，この方向に座標軸を設定し，この座標系での位置ベクトルを $(\xi, \eta, \zeta)$ と表すと，慣性楕円体を表す式は

$$I_1\xi^2 + I_2\eta^2 + I_3\zeta^2 = 1 \tag{329}$$

となる．$I_1, I_2, I_3$ を主慣性モーメントとよぶ．

慣性テンソルの例をいくつかあげておこう．

1) 平面状の厚さの無視できる剛体で面上に $xy$ 面をとると，$z$ 軸は主軸の 1 つになる．このとき面密度を $\rho(\boldsymbol{r})$ とすると，

$$I_{xx} = \int \rho(\boldsymbol{r})\, y^2 \mathrm{d}V \tag{330}$$

$$I_{yy} = \int \rho(\boldsymbol{r})\, x^2 \mathrm{d}V \tag{331}$$

$$\begin{aligned} I_3 = I_{zz} &= \int \rho(\boldsymbol{r})\,(x^2 + y^2) \mathrm{d}V \\ &= I_{xx} + I_{yy} \end{aligned} \tag{332}$$

である．

2) 直線状の剛体が $z$ 軸上にあるとき，主軸は $z$ 軸と，直交する任意の 2 軸である．このように，ある軸があって，それに直交する方向で任意に主軸を選べるものを回転子とよぶ．直線状の剛体では

$$I_1 = I_2 = \int \rho(\boldsymbol{r})\, z^2 \mathrm{d}V \tag{333}$$

であり，$I_3 = I_{zz} = 0$ である．

コマのように対称的な剛体では 3 つの主慣性モーメントのうちのいくつかが等しい．この場合，すべての主慣性モーメントが等しい，すなわち $I_1 = I_2 = I_3$ である剛体は球状コマとよばれる．一方，2 つだけが等しい

ものは対称コマとよばれる.

### 7.4.2 運動エネルギー

つぎに,剛体の運動エネルギーを調べておこう.原点の速度を $V$ とする (固定点を原点にするときは $V = 0$ である).剛体上の点 $r$ の静止系での速度は

$$v = V + \Omega \times r \tag{334}$$

であるから,

$$\begin{aligned}
K &= \frac{1}{2}\int \rho(r)\,v \cdot v \mathrm{d}V \\
&= \frac{1}{2}MV^2 + \int \rho(r)\,V \cdot (\Omega \times r)\,\mathrm{d}V + \frac{1}{2}\int \rho(r)\,(\Omega \times r) \cdot (\Omega \times r)\,\mathrm{d}V \\
&= \frac{1}{2}MV^2 + (V \times \Omega) \cdot \int \rho(r)\,r \mathrm{d}V + \frac{1}{2}\Omega \cdot \int \rho(r)\,r \times (\Omega \times r)\,\mathrm{d}V \\
&= \frac{1}{2}MV^2 + \frac{1}{2}\Omega \cdot L
\end{aligned} \tag{335}$$

で,4 行目のように第 1 項の重心の運動エネルギーと第 2 項の回転運動の運動エネルギーの和となる.後者は $(1/2)\Omega \cdot L = (1/2)\Omega\mathsf{I}\Omega$ とも書ける.この式は当然のことながら,座標回転で不変である.なお,3 行目の第 2 項は 0 となるが,これは,原点を重心にえらべば体積積分が消えること,原点が固定点であれば $V = 0$ であるためである.

## 7.5 外力がない場合の運動

以上の準備のもとに外力がない場合の運動を調べよう.この場合,重心のまわりの角運動量は保存し,$L$ は一定である.

一番簡単なのは球状コマの場合である.$L = \mathsf{I}\Omega = I\Omega$ より,剛体は一定の $\Omega$ で,回転運動を行う.

つぎに,$I_z = 0$,$I_x = I_y$ である回転子の場合を調べよう.

## 7.5 外力がない場合の運動

$$\boldsymbol{L} = (I_x\Omega_x, I_y\Omega_y, 0)$$
$$= I_x(\Omega_x, \Omega_y, 0) \tag{336}$$

より，$\boldsymbol{\Omega}$ の $z$ 成分は意味がなく，$\boldsymbol{L} \parallel \boldsymbol{\Omega} \perp z$ である．

ここまでの例は非常に単純な運動であったが，$I_x = I_y \neq I_z$ である対称コマは歳差運動（precession）という角速度ベクトルの周期的な運動を行う．対称コマでは，$xy$ 軸をどのように選んでも慣性主軸になるので，$\boldsymbol{L}$ と剛体に固定された $z$ 軸の瞬間的な位置で決まる平面に垂直に $y$ 軸を選ぶ．このように選べば $L_y = 0$ であるが，慣性テンソルは対角成分しかもたないから，これは $\Omega_y = 0$ をも意味する．他の角運動量は $L_x = I_x\Omega_x$，$L_z = I_z\Omega_z$ であるから，$\boldsymbol{\Omega}$ も $xz$ 面内にあることになる．このため，コマの軸である $z$ 軸上の点の速度 $\boldsymbol{\Omega} \times \boldsymbol{r}$ は $y$ 成分のみをもつ．すなわち，コマの軸は $\boldsymbol{L}$ のまわりで回転するが，これに伴いコマの軸と $\boldsymbol{L}$ とで決まる平面上にある $\boldsymbol{\Omega}$ も $\boldsymbol{L}$ のまわりで回転する．一般に，瞬間的な回転軸である角速度ベクトルが，ある固定された軸のまわりを回転することを歳差運動という．歳差運動には後に議論する外力のモーメントによるものもあるが，ここで考察する，外力がはたらかない物体が示す，固定された角運動量ベクトルのまわりでの角速度ベクトルの回転運動を，外力のある場合と区別して，正常な歳差運動という．

歳差運動の角振動数を求めるために，$\boldsymbol{\Omega}$ を $z$ 軸のまわりの成分と $\boldsymbol{L}$ 方向の成分 $\Omega_\mathrm{p}$ という形に分けよう．$\Omega_\mathrm{p}$ は歳差運動の角振動数である．$\theta$ を $\boldsymbol{L}$ と $z$ 軸のなす角度とすると，図 52 より

$$\Omega_\mathrm{p} = \frac{\Omega_x}{\sin\theta} = \frac{L_x}{I_x\sin\theta} = \frac{L\sin\theta}{I_x\sin\theta} = \frac{L}{I_x} \tag{337}$$

となる．地球は赤道方向がわずかに膨らんだ対称コマと近似できる．地球の自転の角運動量ベクトルは地軸と一致していない．このため，地軸は約 10 カ月の周期で歳差運動を行う．

*116*　　　　　　　　　　　　7 章　剛　　体

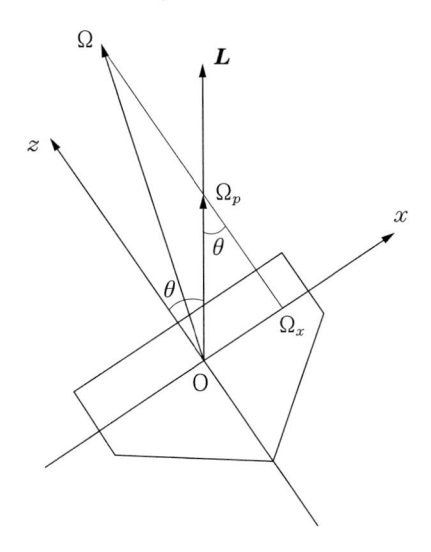

図 52　対称コマの歳差運動．外力がはたらかない場合，角運動量ベクトル $\Omega$ は，一定のベクトル $L$ のまわりを回転する．

## 7.6　オイラー方程式

　いよいよ外力のもとでの剛体の回転運動を調べよう．まず行うべきことを整理しておこう．出発点となるのは，角運動量に対する運動方程式 (272) であり，$L$ の時間変化がわかれば，角運動量と角速度の関係式 (319) から角速度ベクトル $\Omega$ の時間変化がわかり，これによって剛体の向きの時間変化がわかることになる．ただし，力のモーメントが剛体の方向で変わる場合には，これらの作業をすべて同時に行わなければならない．ところで，すべて静止系でこのことを行おうとすると，慣性テンソルの時間変化を考えなければならず，容易ではない．そこで，剛体に固定した座標軸を導入して取り扱おうというのが，今後の方針である．剛体に固定した座標軸の方向は，慣性主軸の方向に選ぶことになる．

## 7.6 オイラー方程式

まず，剛体の座標系で角運動量ベクトル，角速度ベクトルを表し，運動方程式を求めよう．剛体系の慣性主軸方向に $\xi\eta\zeta$ 軸をとり，各方向の単位ベクトルを $e_\xi, e_\eta, e_\zeta$ とする．この座標系で

$$\boldsymbol{\Omega} = \Omega_\xi \boldsymbol{e}_\xi + \Omega_\eta \boldsymbol{e}_\eta + \Omega_\zeta \boldsymbol{e}_\zeta \tag{338}$$

と表すと，角運動量は主慣性モーメント $I_1, I_2, I_3$ を用いて，

$$\begin{aligned}\boldsymbol{L} &= L_\xi \boldsymbol{e}_\xi + L_\eta \boldsymbol{e}_\eta + L_\zeta \boldsymbol{e}_\zeta \\ &= I_1 \Omega_\xi \boldsymbol{e}_\xi + I_2 \Omega_\eta \boldsymbol{e}_\eta + I_3 \Omega_\zeta \boldsymbol{e}_\zeta \end{aligned} \tag{339}$$

である．この式を

$$\frac{d\boldsymbol{L}}{dt} = \boldsymbol{\tau} \tag{340}$$

に代入し，

$$\frac{d\boldsymbol{e}_\xi}{dt} = \boldsymbol{\Omega} \times \boldsymbol{e}_\xi \tag{341}$$

などを用いると，

$$\begin{aligned}\frac{d\boldsymbol{L}}{dt} &= I_1 \dot{\Omega}_\xi \boldsymbol{e}_\xi + I_2 \dot{\Omega}_\eta \boldsymbol{e}_\eta + I_3 \dot{\Omega}_\zeta \boldsymbol{e}_\zeta \\ &\quad + \boldsymbol{\Omega} \times (I_1 \Omega_\xi \boldsymbol{e}_\xi + I_2 \Omega_\eta \boldsymbol{e}_\eta + I_3 \Omega_\zeta \boldsymbol{e}_\zeta) \\ &= \boldsymbol{\tau} \end{aligned} \tag{342}$$

が得られる．ただし，$\boldsymbol{\tau}$ は剛体系の重心のまわりの力のモーメントである．成分ごとに表すと

$$I_1 \dot{\Omega}_\xi + (I_3 - I_2) \Omega_\eta \Omega_\zeta = \tau_\xi \tag{343}$$

$$I_2 \dot{\Omega}_\eta + (I_1 - I_3) \Omega_\zeta \Omega_\xi = \tau_\eta \tag{344}$$

$$I_3 \dot{\Omega}_\zeta + (I_2 - I_1) \Omega_\xi \Omega_\eta = \tau_\zeta \tag{345}$$

である．これをオイラーの運動方程式という．これらの式で，左辺第 2 項は，剛体系が回転座標系であることに伴う慣性力 (遠心力) と解釈できる．

オイラーの方程式により剛体に付随した座標系での運動がわかるが，通常の問題では静止座標系に対しての剛体の運動が知りたい．このために，剛

体の慣性主軸が静止系に対して，どのような方向にあるかを記述しなければならない．そこで，静止系の $xyz$ 軸方向の単位ベクトルを $\bm{e}_x, \bm{e}_y, \bm{e}_z$ として，これと剛体系の単位ベクトルの関係を求めよう．いま，回転に注目するので，両者の原点は一致させておく．このとき，$xy$ 面と $\xi\eta$ 面の交線を ON としよう．図 53 に示すように，ON は $\bm{e}_z \times \bm{e}_\zeta$ の方向である．ここで，$\bm{e}_z$ と $\bm{e}_\zeta$ の角度を $\theta$，$\bm{e}_y$ と ON の角度を $\phi$，$\bm{e}_\eta$ と ON の角度を $\psi$ と定義して，これらをオイラー角とよぶ．オイラー角のうち $\theta$ と $\phi$ は $\zeta$ 軸の方向を表し，$\psi$ はこの軸のまわりの剛体の回転を表している．オイラー角により，単位ベクトル間の関係はつぎのようになる．

$$\begin{aligned}
\bm{e}_\xi &= (\cos\theta\cos\phi\cos\psi - \sin\phi\sin\psi)\bm{e}_x \\
&\quad + (\cos\theta\sin\phi\cos\psi + \cos\phi\sin\psi)\bm{e}_y \\
&\quad - \sin\theta\cos\psi\,\bm{e}_z \\
\bm{e}_\eta &= (-\cos\theta\cos\phi\sin\psi - \sin\phi\cos\psi)\bm{e}_x
\end{aligned} \quad (346)$$

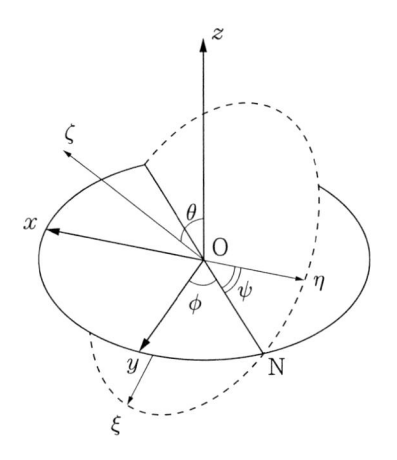

図 **53** オイラー角．$xy$ 面と $\xi\eta$ 面の交線を ON とすると，オイラー角 $\theta$，$\phi$，$\psi$ は $z$ 軸と $\zeta$ 軸のなす角度 $\theta$，ON と $\bm{e}_y$ のなす角度 $\phi$，ON と $\bm{e}_\eta$ となす角度 $\psi$ によって与えられる．

## 7.6 オイラー方程式

$$+(-\cos\theta\sin\phi\sin\psi+\cos\phi\cos\psi)\boldsymbol{e}_y$$
$$+\sin\theta\sin\psi\boldsymbol{e}_z \tag{347}$$
$$\boldsymbol{e}_\zeta = \sin\theta\cos\phi\boldsymbol{e}_x + \sin\theta\sin\phi\boldsymbol{e}_y + \cos\theta\boldsymbol{e}_z \tag{348}$$

逆に

$$\boldsymbol{e}_x = (\cos\theta\cos\phi\cos\psi - \sin\phi\sin\psi)\boldsymbol{e}_\xi$$
$$+(-\cos\theta\cos\phi\sin\psi - \sin\phi\cos\psi)\boldsymbol{e}_\eta$$
$$+\sin\theta\cos\phi\boldsymbol{e}_\zeta \tag{349}$$
$$\boldsymbol{e}_y = (\cos\theta\sin\phi\cos\psi + \cos\phi\sin\psi)\boldsymbol{e}_\xi$$
$$+(-\cos\theta\sin\phi\sin\psi + \cos\phi\cos\psi)\boldsymbol{e}_\eta$$
$$+\sin\theta\sin\phi\boldsymbol{e}_\zeta \tag{350}$$
$$\boldsymbol{e}_z = -\sin\theta\cos\psi\boldsymbol{e}_\xi + \sin\theta\sin\psi\boldsymbol{e}_\eta + \cos\theta\boldsymbol{e}_\zeta \tag{351}$$

と表される．単位ベクトルにかかるこれらの係数は，座標変換の特殊直交行列 O の各成分にほかならない．

　オイラー角の変化は，剛体の回転を与える．したがって，これらの角度の時間微分は角速度ベクトルと関係している．この関係を調べ，角速度ベクトルの剛体系での成分をオイラー角で表そう．まず，$\theta$ の変化をもたらす回転は，ON 方向であるので，$\dot{\theta}$ による角速度ベクトルは

$$\dot{\theta}\frac{\boldsymbol{e}_z \times \boldsymbol{e}_\zeta}{|\boldsymbol{e}_z \times \boldsymbol{e}_\zeta|} = \dot{\theta}(\sin\psi\boldsymbol{e}_\xi + \cos\psi\boldsymbol{e}_\eta) \tag{352}$$

となる．つぎに，$\phi$ の変化をもたらす回転は $\boldsymbol{e}_z$ 方向で，角速度ベクトルは

$$\dot{\phi}\boldsymbol{e}_z = \dot{\phi}(-\sin\theta\cos\psi\boldsymbol{e}_\xi + \sin\theta\sin\psi\boldsymbol{e}_\eta + \cos\theta\boldsymbol{e}_\zeta) \tag{353}$$

である．最後に $\psi$ の変化は $\boldsymbol{e}_\zeta$ 方向の回転であり，角速度ベクトルは

$$\dot{\psi}\boldsymbol{e}_\zeta \tag{354}$$

これらを足し合わせて．

7章 剛　　体

$$
\begin{aligned}
\boldsymbol{\Omega} &\equiv \Omega_\xi \boldsymbol{e}_\xi + \Omega_\eta \boldsymbol{e}_\eta + \Omega_\zeta \boldsymbol{e}_\zeta \\
&= \left(\dot{\theta}\sin\psi - \dot{\phi}\sin\theta\cos\psi\right)\boldsymbol{e}_\xi \\
&\quad + \left(\dot{\theta}\cos\psi + \dot{\phi}\sin\theta\sin\psi\right)\boldsymbol{e}_\eta \\
&\quad + \left(\dot{\phi}\cos\theta + \dot{\psi}\right)\boldsymbol{e}_\zeta
\end{aligned}
\tag{355}
$$

が得られる．この式により，剛体座標系で求めた $\boldsymbol{\Omega}$ の各成分より，静止系での剛体の向きを与える角度 $\theta, \phi, \psi$ を求めることができる．

オイラー方程式の使い方の例として，$I_1 = I_2 \neq I_3$ である対称コマの運動を調べよう．

### 7.6.1　外力のはたらかない対称コマ

この系はすでに調べたが，ここではオイラーの方程式を用いて考察する．まず，角運動量は保存するから，静止系の $z$ 軸を角運動量の方向に選ぶ．$\boldsymbol{L}$ の絶対値を $L$ として，剛体系での角運動量は

$$
\begin{aligned}
\boldsymbol{L} &= L\boldsymbol{e}_z \\
&= -L\sin\theta\cos\psi\,\boldsymbol{e}_\xi + L\sin\theta\sin\psi\,\boldsymbol{e}_\eta + L\cos\theta\,\boldsymbol{e}_\zeta
\end{aligned}
\tag{356}
$$

である．つぎに，角速度についてはオイラーの方程式に $\boldsymbol{\tau} = 0$ を代入すると第3式から直ちに $\dot{\Omega}_\zeta = 0$ となり，$\Omega_\zeta$ は一定であることがわかる．第1式と第2式は $\omega \equiv [(I_3 - I_1)/I_1]\Omega_\zeta$ で定義される $\omega$ を用いると，

$$
\begin{aligned}
\dot{\Omega}_\xi &= -\omega\Omega_\eta \\
\dot{\Omega}_\eta &= \omega\Omega_\xi
\end{aligned}
\tag{357}
$$

となるから，解は

$$
\begin{aligned}
\Omega_\xi &= A\cos(\omega t + \alpha) \\
\Omega_\eta &= A\sin(\omega t + \alpha)
\end{aligned}
\tag{358}
$$

## 7.6 オイラー方程式

であり，$\mathbf{\Omega}$ は長さが変わらず $\mathbf{e}_\zeta$ 軸のまわりを角速度 $\omega$ で回転する．これに伴い，静止系では一定である $\mathbf{L} = I_1\Omega_\xi \mathbf{e}_\xi + I_1\Omega_\eta \mathbf{e}_\eta + I_3\Omega_\zeta \mathbf{e}_\zeta$ も剛体系では $\omega$ で回転する．このとき，$\mathbf{L}$ の $\zeta$ 方向の成分は $I_3\Omega_\zeta$ で一定であるから，コマの軸である $\zeta$ 軸と $z$ 軸とのなす角 $\theta$ は一定となる．

以上は剛体系での議論だが，これを静止系でみなければならない．オイラー角の定義から，すでに述べたように，$\zeta$ 軸は静止系では角振動数 $\dot{\phi}$ で $z$ 軸のまわりを回転する．したがって，$\dot{\phi}$ は歳差運動の角振動数 $\Omega_\mathrm{p}$ に等しいはずである．ところで，式 (355) より，$\dot{\theta} = 0$ のとき，$\Omega_\eta = \dot{\phi}\sin\theta\sin\psi$ であり，一方，式 (356) より，$L_\eta = L\sin\theta\sin\psi$ であり，これは $I_1\Omega_\eta$ に等しいから，$\dot{\phi} = L/I_1$ となる．これは前に出した式 (337) と等しい．コマは $\zeta$ 軸のまわりで角速度 $\dot{\psi}$ で回転しながら，回転軸は $\dot{\phi}$ で $z$ 軸のまわりを歳差運動する．$\dot{\psi}$ はコマからみたときの $z$ 軸の回転角速度の逆符号で，$-\omega = [(I_1 - I_3)/I_1]\Omega_\zeta$ に等しい．

### 7.6.2 床の上の対称コマの運動

力を受けているときの運動の例として，床の上のコマの運動を考察しよう．図 54 のように，コマの足が床と接する点を静止系の原点として，垂直上方に $z$ 軸をとる．コマの軸である $\zeta$ 軸と $z$ 軸の角度 $\theta$ により，コマは力のモーメントを受ける．コマの質量を $M$，原点からコマの重心までの距離を $l$ とすると，原点のまわりの力のモーメント $\boldsymbol{\tau}$ は

$$\boldsymbol{\tau} = l\mathbf{e}_\zeta \times (-Mg\mathbf{e}_z)$$
$$= Mgl\sin\theta\,(\sin\psi\mathbf{e}_\xi + \cos\psi\mathbf{e}_\zeta) \tag{359}$$

である．これをオイラーの方程式に代入する．

$$I_1\dot{\Omega}_\xi + (I_3 - I_1)\Omega_\eta\Omega_\zeta = Mgl\sin\theta\sin\psi \tag{360}$$

$$I_1\dot{\Omega}_\eta + (I_1 - I_3)\Omega_\zeta\Omega_\xi = Mgl\sin\theta\cos\psi \tag{361}$$

$$I_1\dot{\Omega}_\zeta = 0 \tag{362}$$

122           7章 剛　　体

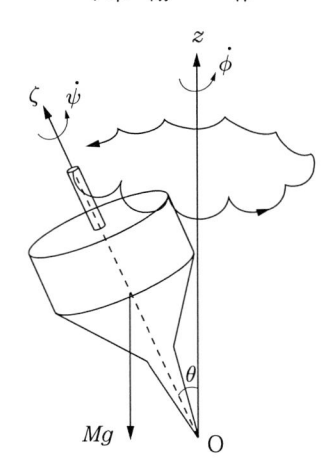

**図 54** 床の上の対称コマ．コマの軸の鉛直軸からの傾きを $\theta$，コマの下端から重心までの距離を $l$ とする．

これより
$$\Omega_\zeta = \dot\phi \cos\theta + \dot\psi \tag{363}$$
は一定である．

　今度の場合は力のモーメントがオイラー角に依存するので，すべてを同時に解かなければならない．すなわち，$\Omega$ の各成分の定義式 (355) をオイラー方程式に代入して，$\theta$, $\phi$, $\psi$ の連立微分方程式に書き直して解かなければならない．その場合，力のモーメントを含む項と，含まない項に分けるために，$\dot\Omega_\xi \sin\psi + \dot\Omega_\eta \cos\psi$ と $\dot\Omega_\xi \cos\psi - \dot\Omega_\eta \sin\psi$ の組合せを計算することにする．

　この組合せに対するオイラーの方程式は，式 (360) と (361) より

$$I_1(\dot\Omega_\xi \sin\psi + \dot\Omega_\eta \cos\psi)$$
$$= (I_1 - I_3)\Omega_\zeta(\Omega_\eta \sin\psi - \Omega_\xi \cos\psi) + Mgl\sin\theta \tag{364}$$

$$I_1(\dot\Omega_\xi \cos\psi - \dot\Omega_\eta \sin\psi)$$
$$= (I_1 - I_3)\Omega_\zeta(\Omega_\eta \cos\psi + \Omega_\xi \sin\psi) \tag{365}$$

## 7.6 オイラー方程式

となる．ここで，この2式の左辺の角速度ベクトルの各成分の時間微分を式 (355) を用いて計算して代入すると，

$$\dot{\Omega}_\xi \sin\psi + \dot{\Omega}_\eta \cos\psi = \ddot{\theta} + \dot{\phi}\dot{\psi}\sin\theta \tag{366}$$

$$\dot{\Omega}_\xi \cos\psi - \dot{\Omega}_\eta \sin\psi = \dot{\theta}\dot{\psi} - \ddot{\phi}\sin\theta - \dot{\theta}\dot{\phi}\cos\theta \tag{367}$$

が得られる．一方，右辺の角速度にやはり式 (355) を用いると，

$$\Omega_\eta \sin\psi - \Omega_\xi \cos\psi = \dot{\phi}\sin\theta \tag{368}$$

$$\Omega_\eta \cos\psi + \Omega_\xi \sin\psi = \dot{\theta} \tag{369}$$

となる．これらの式を等置して

$$I_1\left(\ddot{\theta} + \dot{\phi}\dot{\psi}\sin\theta\right) = Mgl\sin\theta + (I_1 - I_3)\Omega_\zeta \dot{\phi}\sin\theta \tag{370}$$

$$I_1\left(\dot{\theta}\dot{\psi} - \ddot{\phi}\sin\theta - \dot{\theta}\dot{\phi}\cos\theta\right) = (I_1 - I_3)\Omega_\zeta \dot{\theta} \tag{371}$$

の2式と，式 (363) が $\theta$, $\phi$, $\psi$ に対する連立微分方程式として得られる．

一般的な場合を考察する前に，まず，$\theta = $ 一定，$\dot{\theta} = 0$ の場合を考察しよう．このとき，式 (371) より $\dot{\phi} = $ 一定が得られ，式 (370) に式 (363) を代入して，

$$I_1\dot{\phi}\dot{\psi} - (I_1 - I_3)\left(\dot{\phi}\cos\theta + \dot{\psi}\right)\dot{\phi} = Mgl \tag{372}$$

が得られる．ここで，軸のまわりの回転 $\dot{\psi}$ は回転軸の時間変化 $\dot{\phi}$ より十分に速い，すなわち，$\left|\dot{\phi}\right| \ll \left|\dot{\psi}\right|$ として左辺第2項で $\dot{\phi}\cos\theta$ を無視すると，

$$\dot{\phi} = \frac{Mgl}{I_3\dot{\psi}} \simeq \frac{Mgl}{L} \tag{373}$$

が得られる．最後の近似等式は，角運動量 $\boldsymbol{L}$ がほぼコマの回転軸方向を向き，その大きさは $I_3\dot{\psi}$ で近似できることを用いている．この結果はコマの回転軸および角運動量ベクトルが，一定の角速度で鉛直軸のまわりを回転することを示している．外力がはたらかないコマの場合には回転軸は固定された角運動量ベクトルのまわりを回転し，この運動は正常な歳差運動とよばれた．いまの場合には，重力を受けて鉛直軸のまわりで回転軸が回転

する．この回転軸の運動も歳差運動とよばれている．

この歳差運動の角速度の大きさは，別の考察からも導くことができる．$L$ はほぼコマの軸の方向を向いているから，コマの軸の回転に伴う $L$ の時間変化は

$$\left|\frac{dL}{dt}\right| \simeq L\sin\theta\dot{\phi} \tag{374}$$

である．一方，この式の値は角運動量の運動方程式により $|\tau| = Mgl\sin\theta$ に等しい (図 55)．この関係からも式 (373) を得ることができる．

コマの一般の運動では $\theta$ も $\dot{\phi}$ も一定ではなく，互いに絡み合った運動を行う．この様子を調べるには，運動方程式の積分を行わなければならない．しかし，我々はすでに2つの積分，角運動量保存則と，エネルギー保存則を知っているので，これらが積分結果になることが期待できる．

まず，角運動量を考えよう．力のモーメントの $z$ 成分はゼロだから，$e_z$ 方向の角運動量は不変である．

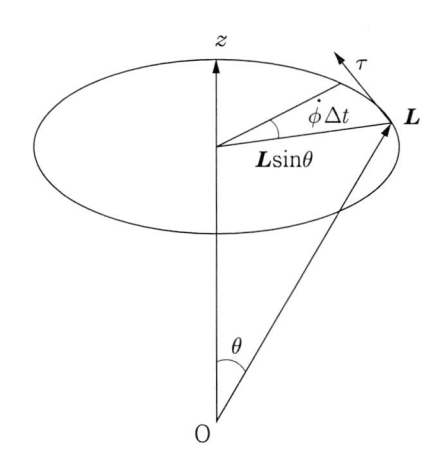

図 55 重力下の対称コマ．$\theta$ が一定の場合の角運動量ベクトルの運動．角運動量 $L$ がほぼコマの回転軸方向を向いている場合．$\Delta t$ 時間での $L$ の変化の大きさは $L\sin\theta\dot{\phi}\Delta t$ であるが，これは運動方程式より $\tau\Delta t$ に等しい．

## 7.6 オイラー方程式

$$\bm{e}_\xi \cdot \bm{e}_z = -\sin\theta\cos\psi \tag{375}$$

$$\bm{e}_\eta \cdot \bm{e}_z = \sin\theta\sin\psi \tag{376}$$

$$\bm{e}_\zeta \cdot \bm{e}_z = \cos\theta \tag{377}$$

を用いて $\bm{L} = I_1\Omega_\xi \bm{e}_\xi + I_1\Omega_\eta \bm{e}_\eta + I_3\Omega_\zeta \bm{e}_\zeta$ より

$$L_z = \bm{L}\cdot\bm{e}_z = I_1\dot\phi\sin^2\theta + I_3\Omega_\zeta\cos\theta \tag{378}$$

が得られる．実際，$dL_z/dt = 0$ は式 (371) に等しい．$L_z$ を用いて $\phi$ の時間変化は $\theta$ の関数として

$$\dot\phi = \frac{L_z - I_3\Omega_\zeta\cos\theta}{I_1\sin^2\theta} \tag{379}$$

と表される．また，式 (363) より

$$\begin{aligned}\dot\psi &= \Omega_\zeta - \dot\phi\cos\theta \\ &= \Omega_\zeta - \frac{L_z - I_3\Omega_3\cos\theta}{I\sin^2\theta}\cos\theta\end{aligned} \tag{380}$$

である．

つぎに，力学的エネルギー保存則を考察しよう．運動エネルギーは

$$\begin{aligned}K &= \frac{1}{2}I_1\left(\Omega_\xi^2 + \Omega_\eta^2\right) + \frac{1}{2}I_3\Omega_\zeta^2 \\ &= \frac{I_1}{2}\left(\dot\phi^2\sin^2\theta + \dot\theta^2\right) + \frac{I_3}{2}\Omega_\zeta^2\end{aligned} \tag{381}$$

であり，ポテンシャルエネルギーは

$$U = Mgl\cos\theta \tag{382}$$

である．$E = K + U$ の時間微分を計算し，式 (363)，(371) を用いて整理すると，式 (370) が得られることを確かめられる．式 (370) の時間積分が力学的エネルギーになることが確かめられたので，つぎに $E$ に含まれる $\dot\phi$ と $\dot\psi$ に対して式 (379)，(380) を用いて，力学的エネルギーを $\theta$ のみの関数として表そう．

$$E = \frac{I_1}{2}\dot\theta^2 + \frac{1}{2I_1}\frac{(L_z - I_3\Omega_\zeta\cos\theta)^2}{\sin^2\theta} + \frac{I_3}{2}\Omega_\zeta^2 + Mgl\cos\theta$$

$$\equiv \frac{I_1}{2}\dot{\theta}^2 + V(\theta) \tag{383}$$

ここで，有効ポテンシャル $V(\theta)$ を導入した．

$$V(\theta) \equiv \frac{1}{2I_1}\frac{(L_z - I_3\Omega_\zeta\cos\theta)^2}{\sin^2\theta} + Mgl\cos\theta + \frac{I_3}{2}\Omega_\zeta^2 \tag{384}$$

である．なお，式 (384) の最後の項，$(I_3/2)\Omega_\zeta^2$ は一定値である．この結果，エネルギーの表式は質点の 1 次元運動の場合と同型になったので，そこでの知識を用いて，運動を理解することができる．

まず，$E = V(\theta)_{\min}$ のときは $\dot{\theta} = 0$ であるから，すでに調べた $\theta$ 一定での歳差運動となる．$E \geq V(\theta)_{\min}$ のときは図 56 に示すように，$V(\theta) = E$ の解である $\theta_1 \leq \theta \leq \theta_2$ のあいだを振動する．このような回転軸の振動を章動 (nutation) という．$\phi$ と $\psi$ の運動に関しては，$\theta(t)$ を式 (379) と (380) に代入すれば $\dot{\phi}(t)$ と $\dot{\psi}(t)$ が求まるので，これを時間積分すればよい．これらの計算は解析的にはできないから，数値的に積分することになる．運動の様子を模式的に図 54 に示した．

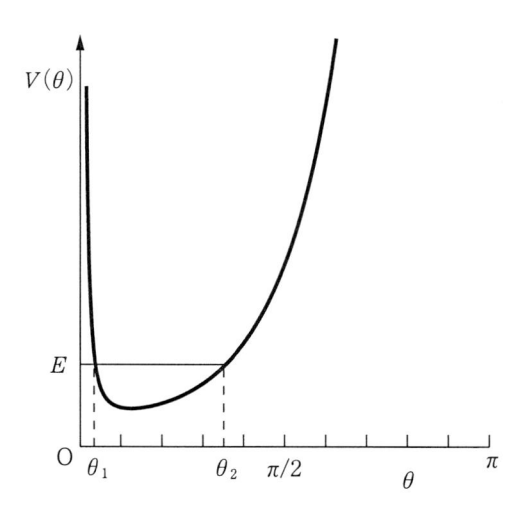

図 56　有効ポテンシャル $V(\theta)$

7.6 オイラー方程式

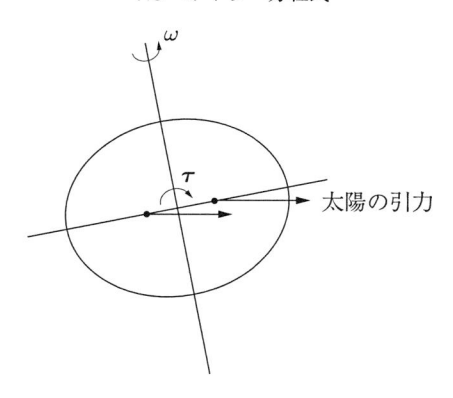

**図 57** 地球の歳差運動．図で，地軸の右半分にはたらく太陽からの引力は左半分より強く，地球には力のモーメントがはたらいている．

地球は，赤道付近がふくらんだ形をしていて，図57に示すように，太陽からの潮汐力で力のモーメントを受け歳差運動を行う．この歳差運動の周期は約 26000 年である．

### 7.6.3 非対称コマの自由な運動

非対称コマ，すなわち，一般の形の剛体の運動の解析は容易ではない．ここでは力を受けていない剛体の回転の安定性に関する簡単な考察をするにとどめる．この場合，2つの保存則がある．角運動量と運動エネルギーの保存則である．慣性主軸方向の角運動量の成分を $L_\xi$, $L_\eta$, $L_\zeta$ とすると，全角運動量と，運動エネルギーはともにつぎの2次式で表される．

$$L^2 = L_\xi^2 + L_\eta^2 + L_\zeta^2 \tag{385}$$

$$2E = \frac{1}{I_1}L_\xi^2 + \frac{1}{I_2}L_\eta^2 + \frac{1}{I_3}L_\zeta^2 \tag{386}$$

これらは角運動量空間でそれぞれ球面と楕円体を表す．$L$ と $E$ を与えたときに，運動が可能であるためには，これらの面が交わっていなければならず，そのとき，角運動量ベクトルは交線上を運動する．いま，主慣性モー

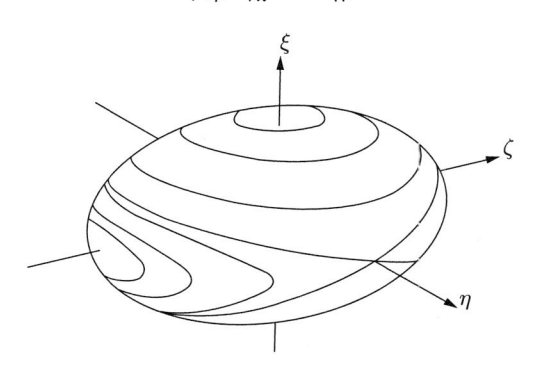

図 58 非対称コマの運動．角運動量空間で，全角運動量が一定の面上の，全エネルギーが一定の面との交線を示す．

メントが

$$I_1 < I_2 < I_3 \tag{387}$$

を満たすとすると，交線の存在条件は

$$2EI_1 < L^2 < 2EI_3 \tag{388}$$

である．交線の様子を図 58 に示すが，$L$ が $\xi$ 軸または $\zeta$ 軸に近いとき交線は小さな閉曲線になるので，剛体はほぼこの軸のまわりで安定な回転を行う．一方，$\eta$ 軸方向では交線は長く伸びており，$\eta$ 軸近傍にとどまらない．このため，回転運動の軸が大きく変わる不安定な運動を起こすことになる．このような回転の安定性，不安定性はたとえばテニスラケットを 3 通りの方向に回転させながら放り上げてみれば，観察することができる．

## 演 習 問 題

[1] 薄い剛体板の慣性モーメントを考えよう．剛体は $xy$ 平面上に置かれているとする．剛体の厚さは無視できるものとする．剛体の面密度を $\sigma(\boldsymbol{r})$ とする．すなわち，$xy$ 面上の点 $\boldsymbol{r}$ の近傍の微小面積 $\mathrm{d}x\mathrm{d}y$ の領域にある剛体の部分の質量は $\sigma(\boldsymbol{r})\mathrm{d}x\mathrm{d}y$ である．

(1) $z$ 軸のまわりの慣性モーメント $I_z$ を面積分の形で表せ．

(2) 同様に $x$ 軸，$y$ 軸のまわりの慣性モーメント $I_x, I_y$ を面積分の形で表し，$I_z = I_x + I_y$ であることを示せ．

[**2**] (1) 一様な面密度で半径 $a$ の薄い円盤の，直径を軸としたときの慣性モーメントを [**1**] の結果と，式 (300) を用いて求めよ．結果は円盤の質量 $M$ と半径 $a$ を用いて記せ．

(2) 同じ円盤が $xy$ 面に平行に，点 $(0,0,z)$ を中心にして置かれている．$x$ 軸のまわりの慣性モーメントを求めよ．（式 (297) を用いてよい．）

(3) $x^2 + y^2 \leq a^2, 0 \leq z \leq b$ の領域を占める一様な密度の質量 $M$ の円柱がある．この円柱の $x$ 軸のまわりの慣性モーメントを求めよ．((2) の結果を利用せよ．）

(4) 自分の腕を一様な円柱として近似する．腕が肩を支点とする実体振り子として振る舞うとして，振動の周期を求めよ．

# 8章
# 解 析 力 学

これまでは，ニュートンの3法則という原理に基づいて古典力学で物体の運動がどのように理解できるかを述べてきた．これまでにみてきたように，ニュートンの3法則によって，あらゆる現象を理解し，運動の予測を行うことができる．一方，ニュートンの3法則を用いて導き出すことができるある事柄を3法則に代わる原理として設定し，これだけを出発点にして，まったく同じ力学を構築しようという試みも行われてきた．この章では解析力学とよばれる，そのような別の原理を出発点とする力学について述べる．

## 8.1 ダランベールの原理

質点が静止しているときには，質点に作用するすべての力の合力はゼロになっている．すなわち，$F = 0$ である．この状態で，質点を仮想的に $\delta r$ だけ動かすのに必要な仕事は，当然 $\delta W = F \cdot \delta r = 0$ である．この事情は質点系でも同様で，質点系が静止しているときに，それぞれの質点を仮想的に $\delta r_i$ 変位させるときの仕事は，$\delta W = \sum_i F_i \cdot \delta r_i = 0$ である．この一見あたりまえの原理が解析力学構築の出発点となったのだが，この原理自体も物体の釣合いの議論で便利に使える場合がある．

そのような例として，束縛条件がある場合を考えよう．まず，簡単な例として，質点が重力下で滑らかな面上のみを動ける場合の平衡点を考えて

みよう．ここで，仮想変位も束縛条件に従うものにかぎろう．この場合，面からの垂直抗力はつねに変位に垂直だから，仕事をしない．滑らかな面では摩擦力もはたらかないから，仮想変位に伴う仕事 $\delta W$ は重力からのもののみである．これがゼロであるためには，仮想変位 $\delta r$ は重力と垂直でなければならない．つまり，束縛面の接平面が水平となるところが，平衡点であるという結論が得られる．

上の例は，あまりにもあたりまえの結果であった．もう少し意味のある使い道として，7章の図46に示した壁に立てかけた棒の釣合いについて考えてみよう．この例では，棒の下端は壁から $L\sin\theta$ の場所にあり，棒の重心は床からの高さ $(L/2)\cos\theta$ の位置にある．ここで，$\theta \to \theta + \delta\theta$ の仮想変位を考える．このとき，重心の低下による仕事は $-(MgL/2)\sin\theta\delta\theta$ であり，摩擦力 $f$ のする仕事は $fL\cos\theta\delta\theta$ であるが，壁や床からの垂直抗力は仕事をしないので，仮想仕事は

$$\delta W = (fL\cos\theta - \frac{1}{2}MgL\sin\theta)\delta\theta = 0 \tag{389}$$

これより，垂直抗力を考えることなく，摩擦力の大きさ $f = (Mg/2)\tan\theta$ が得られる．

仮想仕事の原理を運動している物体にも拡張しよう．$n$ 個の質点系の $i$ 番目の質点は，運動方程式よりつぎの式を満たす．

$$\bm{F}_i - m_i\ddot{\bm{r}}_i = 0 \tag{390}$$

第2項の $-m\ddot{\bm{r}}_i$ を慣性力とよび，力に含めてしまおう．実際，$i$ 番目の質点とともに動く座標系では，この項は慣性力である．そうすると，それぞれの質点の運動経路 $\bm{r}_i(t)$ を仮想的に $\bm{r}_i(t) \to \bm{r}_i(t) + \delta\bm{r}_i(t)$ と変位させるとき，

$$\sum_{i=1}^n (\bm{F}_i - m_i\ddot{\bm{r}}_i) \cdot \delta\bm{r}_i = 0 \tag{391}$$

が成り立つ．これがダランベールの原理である．

剛体では，質点間の距離が一定という束縛条件があるし，一般の質点系でも

さまざまな束縛条件がありうる．$r$ 個の束縛条件がある場合，$\nu = 1, 2, \cdots, r$ として，各時刻で，束縛条件 $f_\nu(\bm{r}_1, \bm{r}_2, \cdots \bm{r}_n, t) = 0$ が成り立たなければならない．このときの仮想変位 $\delta \bm{r}_i$ を束縛条件を満たすもの，すなわち，各 $\nu$ に対して

$$\sum_{i=1}^{n} \frac{\partial f_\nu}{\partial \bm{r}_i} \cdot \delta \bm{r}_i = 0 \tag{392}$$

を満たすものにかぎれば，力 $\bm{F}_i$ に束縛力を含める必要はなくなる．ただし，この式で $\partial / \partial \bm{r}_i$ は $i$ 番目の質点の座標 $\bm{r}_i$ に関する勾配 (grad) の意味である．この条件のもとで考えるとき，ラグランジュの未定乗数法を用いると，仮想仕事がゼロとなる条件は

$$\sum_{i=1}^{n} \left( \bm{F}_i - m_i \ddot{\bm{r}}_i - \sum_{\nu=1}^{r} \lambda_\nu \frac{\partial f_\nu}{\partial \bm{r}_i} \right) \cdot \delta \bm{r}_i = 0 \tag{393}$$

となる．これより各質点に対する運動方程式は

$$\bm{F}_i - m_i \ddot{\bm{r}}_i - \sum_{\nu=1}^{r} \lambda_\nu \frac{\partial f_\nu}{\partial \bm{r}_i} = 0 \tag{394}$$

となる．この方程式には $\bm{r}_i$ と $\lambda_\nu$ とで $3n + r$ 個の未知数があるが，これらは上の $3n$ 個の式と $r$ 個の束縛条件で求められる．

## 8.2 最小作用の原理

ダランベールの原理，式 (391) または式 (393) を時間積分すると，最小作用の原理とよばれるものが得られる．そのために，まず，$\bm{r}_i(t)$ が運動方程式を解いて求められたとしよう．この結果，運動エネルギー

$$K(t) = \frac{1}{2} \sum_{i=1}^{n} m_i \dot{\bm{r}}_i(t)^2 \tag{395}$$

が時間の関数で与えられる．この運動エネルギー $K(t)$ を $t_1$ から $t_2$ まで時間積分したものを $I$ と書こう．

$$I \equiv \int_{t_1}^{t_2} K(t)\, dt \tag{396}$$

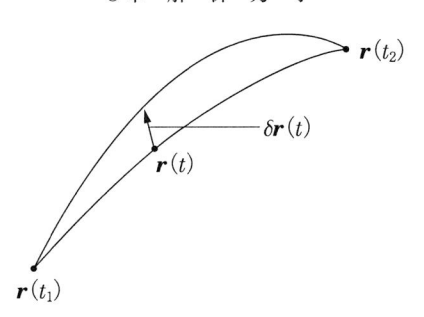

**図 59** 最小作用の原理. 運動法則に従う軌道 $r(t)$ を用いて計算した作用は，この軌道を任意に変化させた軌道 $r(t)+\delta r(t)$ による作用よりも小さい.

ここで，図59のように，始点と終点は固定したまま，$r_i(t) \to r_i(t)+\delta r_i(t)$ という仮想変位を考える．すなわち，$\delta r_i(t_1) = \delta r_i(t_2) = 0$ として，束縛条件を満たす仮想変位を考えるのである．

このとき，運動エネルギーは以下の変化を受ける．

$$K(t) \to K(t) + \sum_{i=1}^{n} m_i \dot{r}_i(t) \cdot \delta \dot{r}_i(t) + \frac{1}{2} \sum_{i=1}^{n} m_i (\delta \dot{r}_i)^2 \qquad (397)$$

この結果，運動エネルギーの時間積分 $I$ の変化 $\delta I$ は，仮想変位 $\delta r_i(t)$ の 1 次まで考慮すると以下のようになる．

$$\begin{aligned}
\delta I &= \int_{t_1}^{t_2} \sum_{i=1}^{n} m_i \dot{r}_i \cdot \delta \dot{r}_i \mathrm{d}t \\
&= \left[ \sum_{i=1}^{n} m_i \dot{r}_i \cdot \delta r_i(t) \right]_{t_1}^{t_2} - \int_{t_1}^{t_2} \sum_{i=1}^{n} m_i \ddot{r}_i \cdot \delta r_i \mathrm{d}t \\
&= -\int_{t_1}^{t_2} \sum_{i=1}^{n} \left[ F_i + \sum_{\nu=1}^{r} \lambda_\nu \frac{\partial f_\nu}{\partial r_i} \right] \cdot \delta r_i \mathrm{d}t \\
&= -\int_{t_1}^{t_2} \sum_{i=1}^{n} F_i \cdot \delta r_i \mathrm{d}t \\
&\equiv -\int_{t_1}^{t_2} \delta W \mathrm{d}t
\end{aligned} \qquad (398)$$

## 8.2 最小作用の原理

ここで，1行目から2行目へは部分積分を行った．2行目から3行目を得るのは，積分の上限と下限では仮想変位がゼロであることを用い，さらに2行目の $\ddot{\boldsymbol{r}}_i(t)$ に対して，式 (394) を用いた．3行目から4行目を得るには式 (392) を用いている．これより，仮想変位による運動エネルギーの変化の時間積分と，そのときの本当の力による仮想仕事の変化 $\delta W$ の時間積分の和はゼロになることがわかった．

$$\delta \int_{t2}^{t_1} K(t)\,\mathrm{d}t + \delta \int_{t_1}^{t_2} W\mathrm{d}t = 0 \tag{399}$$

なお，仮想変位による運動エネルギーの変化は，慣性力による仮想仕事であることに注意しよう．

つぎに，質点系に作用する力が保存力の場合を考える．このとき，

$$\boldsymbol{F}_i = -\frac{\partial}{\partial \boldsymbol{r}_i} U(\boldsymbol{r}_1, \boldsymbol{r}_2, \ldots, \boldsymbol{r}_n) \tag{400}$$

また，

$$\mathrm{d}U = \sum_{i=1}^{n} \frac{\partial U}{\partial \boldsymbol{r}_i}\mathrm{d}\boldsymbol{r}_i \tag{401}$$

であるから，これらの式を仮想仕事の式に代入すると，

$$\begin{aligned}\delta \int_{t_1}^{t_2} W\mathrm{d}t &= -\int_{t_1}^{t_2} \sum_{i=1}^{n} \frac{\partial U}{\partial \boldsymbol{r}_i} \cdot \delta\boldsymbol{r}_i \mathrm{d}t \\ &= \delta \int_{t_1}^{t_2} U \mathrm{d}t \end{aligned} \tag{402}$$

ゆえに式 (399) より，

$$\delta \int_{t_1}^{t_2} (K - U)\,\mathrm{d}t = 0 \tag{403}$$

が得られる．ここで，被積分関数を $L \equiv K - U$ と書いて，$L$ をラグランジュ関数またはラグランジアンとよぶ．また，$L$ の時間積分を $S$ と書いて，作用とよぶ．

$$S = \int_{t_1}^{t_2} L \mathrm{d}t \tag{404}$$

式 (403) は，作用 $S$ が仮想変位の1次の変分に対して不変である，すなわ

ち，作用が仮想変位に対して停留値をとることを示していて，これをハミルトンの原理とよぶ．作用は始点と終点を決めた場合，任意の軌道に対して計算することができるが，運動方程式を満たす軌道に対して計算したものが最小値を与える．このため，ハミルトンの原理を最小作用の原理とよぶことができる．この原理は，量子力学の経路積分による定式化で，プランク定数を無限小にした古典極限として得ることができる．

## 8.3 ラグランジュの運動方程式

最小作用の原理，式 (403) を得るのに，質点系のすべての質点の座標の関数として，運動エネルギー，ポテンシャルエネルギー，ひいてはラグランジアンを表した．しかし，ラグランジアン $L$ は，束縛条件がある場合には，必要な自由度のみで表してかまわないはずである．たとえば，振り子の場合には自由度は角度のみだし，剛体の場合には重心と剛体の向きを決めるオイラー角のみで $L$ は表せる．そのように表したラグランジアンを積分した作用が最小値をとるという条件式を用いると，必要な自由度のみで書かれた運動方程式を簡単に得ることができる．以下にそのような方程式の形と，いくつかの適用例を示す．

運動を記述するのに必要な自由度は，振り子の場合の角度のように必ずしも長さの次元をもつ位置座標であるとはかぎらない．このため，以下ではそのような自由度を記述するものを一般座標とよび，$k$ 個の自由度に対して，記号 $q_1, q_2, \cdots, q_k$ で表すことにする．ラグランジアンは，これらの一般座標とその時間微分で表せる．すなわち，

$$L(q_1, q_2, \cdots, q_k, \dot{q}_1, \dot{q}_2, \cdots, \dot{q}_k; t) \tag{405}$$

ここで，始点と終点は固定した仮想変位 $\delta q_r(t)$ を考えよう．すなわち，これらは $\delta q_r(t_1) = \delta q_r(t_2) = 0$ を満たすものとする．この仮想変位による $L$ の変化を変位の 1 次まで求める．

## 8.3 ラグランジュの運動方程式

$$L(q_1 + \delta q_1, q_2 + \delta q_2, \cdots, q_k + \delta q_k, \quad \dot{q}_1 + \delta \dot{q}_1, \cdots; t)$$
$$= L(q_1, q_2, \cdots; t) + \sum_{r=1}^{k} \delta q_r \frac{\partial L}{\partial q_r} + \sum_{r=1}^{k} \delta \dot{q}_r \frac{\partial L}{\partial \dot{q}_r} \tag{406}$$

これより,作用の変分は以下のようになる.

$$\delta S = \int_{t_1}^{t_2} \sum_{r=1}^{k} \left( \delta q_r \frac{\partial L}{\partial q_r} + \delta \dot{q}_r \frac{\partial L}{\partial \dot{q}_r} \right) dt$$
$$= \left[ \delta q_r \frac{\partial L}{\partial \dot{q}_r} \right]_{t_1}^{t_2} + \int_{t_1}^{t_2} \sum_{r=1}^{k} \delta q_r \left( \frac{\partial L}{\partial q_r} - \frac{d}{dt} \frac{\partial L}{\partial \dot{q}_r} \right) dt \tag{407}$$

ここで,1行目から2行目を得るのに,右辺第2項の部分積分を行った.運動方程式を満たす軌道についてはこの1次の変分 $\delta S$ は式 (403) よりゼロになるが,部分積分で得られた2行目の第1項は始点と終点での仮想変位がゼロであるから,積分の上限と下限を代入すれば消えてしまい,この結果,残された第2項もゼロにならなければならない.ところが,仮想変位 $\delta q_r$ はすべて任意であるから,各時刻で,被積分関数の $\delta q_r$ の係数がゼロでなければならない.すなわち,仮想変位を図60に示すように,$r = s$ 番目の一般化座標を $t = t'$ の近傍のみで変化させることを考える.$s$ 番目以外の一般化座標はすべて $\delta q_r(t) = 0$ にしておく.この結果,式 (407) の積分で残るのは $r = s$ の項の $t = t'$ の近傍からの寄与のみとなる.このとき,$\delta q_s$ の係数がゼロでなければ,この積分は有限の値をもつことになってしまう.このようなことが起こらないためには,$\delta q_s$ の係数はつねにゼロでなければならないのである.したがって,必要な自由度,$r = 1, 2, \ldots, k$ に対して,

$$\frac{d}{dt}\left(\frac{\partial L}{\partial \dot{q}_r}\right) - \frac{\partial L}{\partial q_r} = 0 \tag{408}$$

が得られる.これをラグランジュの運動方程式とよぶ.この運動方程式は,ニュートンの運動方程式と等価であるが,必要な自由度の方程式を簡単に得ることができる便利な方法である.以下,簡単な例を示そう.

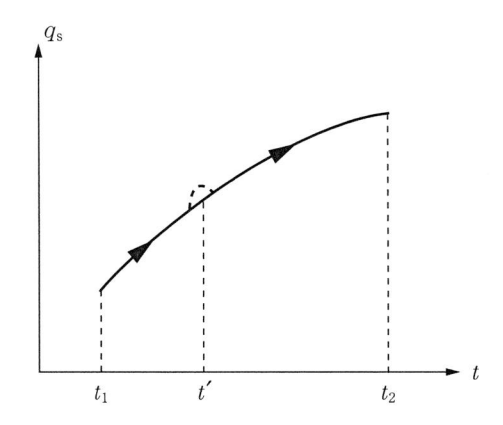

図 60 仮想変位の例. $s$ 番目の一般化座標を $t = t'$ の近傍のみで破線のように変化させる.

### 例 1：ポテンシャル $U(r)$ 中の 1 つの質点

この場合のラグランジアンは

$$L = \frac{1}{2}m\dot{r}^2 - U(r) \tag{409}$$

である．一般座標はそのまま直交座標系を用いればよい．したがって，

$$q_1 = x, \quad q_2 = y, \quad q_3 = z \tag{410}$$

座標 $x$ に関してラグランジアンの偏微分は

$$\frac{\partial L}{\partial \dot{x}} = m\dot{x}, \quad \frac{\partial L}{\partial x} = -\frac{\partial U}{\partial x} \tag{411}$$

であるから，運動方程式は

$$\frac{d}{dt}m\dot{x} + \frac{\partial U}{\partial x} = 0 \tag{412}$$

すなわち，普通のニュートン方程式が得られる．

$$m\ddot{x} = F_x = -\frac{\partial U}{\partial x} \tag{413}$$

$y, z$ についても同様である．

### 例 2：振り子

この場合の一般座標は図 61 に示すように，鉛直方向からの振れの角度 $\theta$ のみである．したがって，

$$q_1 = \theta \tag{414}$$

振り子の長さを $l$，錘の質量を $m$ とすれば運動エネルギーは

$$K = \frac{1}{2}m(l\dot{\theta})^2 \tag{415}$$

ポテンシャルエネルギーは

$$U = mgl(1 - \cos\theta) \tag{416}$$

これより，ラグランジアンは以下のようになる．

$$L = \frac{1}{2}ml^2\dot{\theta}^2 - mgl(1 - \cos\theta) \tag{417}$$

一般座標 $\theta$ と $\dot{\theta}$ での微分

$$\frac{\partial L}{\partial \dot{\theta}} = ml^2\dot{\theta} \tag{418}$$

$$\frac{\partial L}{\partial \theta} = -mgl\sin\theta \tag{419}$$

より，運動方程式は

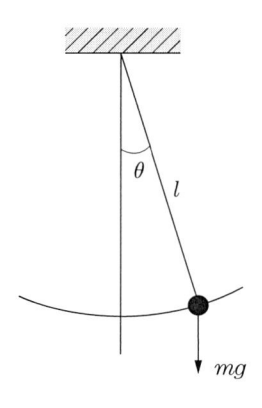

図 61　振り子の一般座標は振れの角度 $\theta$ である．

$$ml^2\ddot{\theta} + mgl\sin\theta = 0 \tag{420}$$

となる．ニュートンの方程式では糸の張力などを考えなければならないが，ラグランジュの方法では考える必要はなく，必要な方程式が容易に得られる．

なお，逆に糸の張力を知りたい場合もあるであろう．この場合には，糸の途中にばね定数 $k$ のばねを入れておき，ばねの伸びから張力を求め，$k \to \infty$ の極限をとるなどの工夫が必要となる．

## 8.4 保存則

ラグランジュの運動方程式を用いると，保存則についての考察を行うことができる．まず，時間に依存しない系ではラグランジアン $L$ は $q_r, \dot{q}_r$ のみを通して $t$ によるので，$L$ の時間微分は以下のようになる．

$$\begin{aligned}
\frac{dL}{dt} &= \sum_{r=1}^{k} \left( \frac{\partial L}{\partial q_r} \dot{q}_r + \frac{\partial L}{\partial \dot{q}_r} \ddot{q}_r \right) \\
&= \sum_{r=1}^{k} \left[ \frac{d}{dt}\left( \frac{\partial L}{\partial \dot{q}_r} \right) \dot{q}_r + \frac{\partial L}{\partial \dot{q}} \ddot{q}_r \right] \\
&= \sum_{r=1}^{k} \frac{d}{dt}\left( \frac{\partial L}{\partial \dot{q}_r} \dot{q}_r \right)
\end{aligned} \tag{421}$$

ここで，第 2 行目を得るのに，$\partial L/\partial q_r$ に対して，ラグランジュの方程式 (408) を用いた．第 3 行目を得るには，逆にこの時間微分を計算すれば第 2 行目となることを用いている．したがって，両辺をまとめて，

$$\frac{d}{dt}\left( \sum_{r=1}^{k} \frac{\partial L}{\partial \dot{q}_r} \dot{q}_r - L \right) = 0 \tag{422}$$

が得られ，括弧内の式は時間変化しない，すなわち保存量であることがわかる．ところで，運動エネルギーは通常，速さ $\dot{q}_r$ の 2 次関数であり，一方，ポテンシャルエネルギーは $\dot{q}_r$ には依存しない．このとき

$$\sum_{r=1}^{k} \frac{\partial L}{\partial \dot{q}_r} \dot{q}_r = \sum_{r=1}^{k} \frac{\partial K}{\partial \dot{q}_r} \dot{q}_r = 2K \tag{423}$$

となるから，

$$\sum_{r=1}^{k} \frac{\partial L}{\partial \dot{q}_r} \dot{q}_r - L = 2K - K + U = K + U \tag{424}$$

となる．これは力学的エネルギー保存則にほかならない．すなわち，ラグランジアンが時間にあらわには依存しない場合は，力学的エネルギーが保存される．これはラグランジアンが時間の原点のとり方によらない場合といってもよい．つまり，時間の並進対称性がある場合には力学的エネルギーが保存される．

つぎに，空間の一様性がある場合，すなわち，ラグランジアンが空間座標の原点のとり方によらない場合を考えよう．このとき，すべての座標について同一の並進: $\boldsymbol{r}_i \to \boldsymbol{r}_i + \boldsymbol{\varepsilon}$ を行っても $L$ は不変である．この並進によるラグランジアンの変化 $\delta L$ を計算すると

$$\delta L = \sum_{i=1}^{n} \frac{\partial L}{\partial \boldsymbol{r}_i} \cdot \boldsymbol{\varepsilon} \tag{425}$$

この式は任意の $\varepsilon$ に対してゼロであるから，

$$\sum_{i=1}^{n} \frac{\partial L}{\partial \boldsymbol{r}_i} = 0 \tag{426}$$

が成り立たなければならない．ラグランジュ方程式をすべての質点について和をとって，上の関係を用いると，

$$\sum_{i=1}^{n} \left( \frac{\mathrm{d}}{\mathrm{d}t} \frac{\partial L}{\partial \dot{\boldsymbol{r}}_i} - \frac{\partial L}{\partial \boldsymbol{r}_i} \right) = \frac{\mathrm{d}}{\mathrm{d}t} \sum_{i=1}^{n} \frac{\partial L}{\partial \dot{\boldsymbol{r}}_i}$$
$$= 0 \tag{427}$$

したがって，

$$\boldsymbol{P} = \sum_{i=1}^{n} \frac{\partial L}{\partial \dot{\boldsymbol{r}}_i} \tag{428}$$

は時間によらない．これは質点系の全運動量保存則にほかならない．実際，

普通の直交座標なら $\partial L/\partial \dot{r}_i = m\dot{r}_i = \boldsymbol{p}_i$ である.

一般座標を用いた場合,

$$p_r \equiv \frac{\partial L}{\partial \dot{q}_r} \tag{429}$$

を一般運動量とよぶ. $L$ が $\dot{q}_r$ を含むが, $q_r$ を含まない場合, $q_r$ を循環座標とよぶ. このとき

$$\frac{\partial L}{\partial q_r} = 0 \tag{430}$$

をラグランジュ方程式に代入すると,

$$\frac{\mathrm{d}}{\mathrm{d}t}\frac{\partial L}{\partial \dot{q}_r} = \frac{\mathrm{d}}{\mathrm{d}t}p_r = 0 \tag{431}$$

すなわち, 一般運動量 $\partial L/\partial \dot{q}_r$ は保存される. 一般運動量の保存則の例としては, 中心力場での角運動量保存則がある. この場合, ポテンシャルエネルギーは中心からの距離のみに依存する. すなわち, 極座標で表す場合, 角度変数 $\theta$, $\phi$ には依存しない. 運動エネルギーは $\theta$ に依存するが, $\phi$ には依存しない. したがって, $\phi$ は循環座標である. 実際, 質点の運動エネルギーは極座標では

$$K = \frac{1}{2}m\left(\dot{r}^2 + (r\dot{\theta})^2 + (r\sin\theta\dot{\phi})^2\right) \tag{432}$$

であるから, $\phi$ についての一般運動量は $p_\phi = mr^2 \sin^2\theta\dot{\phi}$ であり, これは角運動量ベクトル $\boldsymbol{l} = m\boldsymbol{r}\times\boldsymbol{v}$ の $z$ 成分に等しい.

## 8.5　ハミルトンの正準運動方程式

ラグランジアンは一般座標と, その時間微分の関数であるが, 一般座標と, 一般運動量を変数として力学を構築する方法もある. そのためにはルジャンドル変換とよばれる変換を用いて, 変数の変換を行えばよい. 具体的には以下のように行う. まず, $L$ は $q_r, \dot{q}_r$ の関数であるから, その微分は

$$\mathrm{d}L = \sum_{r=1}^{k}\left(\frac{\partial L}{\partial q_r}\mathrm{d}q_r + \frac{\partial L}{\partial \dot{q}_r}\mathrm{d}\dot{q}_r\right) \tag{433}$$

## 8.5 ハミルトンの正準運動方程式

である．この式をラグランジュの方程式と，一般運動量の定義を用いて変形してゆく．

$$\mathrm{d}L = \sum_{r=1}^{k}\left(\frac{\mathrm{d}}{\mathrm{d}t}\left(\frac{\partial L}{\partial \dot{q}_r}\right)\mathrm{d}q_r + p_r \mathrm{d}\dot{q}_r\right)$$

$$= \sum_{r=1}^{k}(\dot{p}_r \mathrm{d}q_r + p_r \mathrm{d}\dot{q}_r)$$

$$= \sum_{r=1}^{k}[\dot{p}_r \mathrm{d}q_r + \mathrm{d}(p_r \dot{q}_r) - \dot{q}_r \mathrm{d}p_r] \tag{434}$$

最右辺の第2項をラグランジアンの微分とまとめると，

$$\mathrm{d}\left(\sum_{r=1}^{k} p_r \dot{q}_r - L\right) = \sum_{r=1}^{k}(-\dot{p}_r \mathrm{d}q_r + \dot{q}_r \mathrm{d}p_r) \tag{435}$$

が得られる．ここで，

$$\sum_{r=1}^{k} p_r \dot{q}_r - L \equiv H(p_r, q_r, t) \tag{436}$$

とおけば，$H$ は式 (424) の力学的エネルギーにほかならないが，その微分，式 (435) からわかるように，$H$ は $p_r, q_r$ の関数とみなすべきであり，この $p_r$ と $q_r$ で表した力学的エネルギーをハミルトニアンとよぶ．$q_r$ と $\dot{q}_r$ の関数である $L$ から $\sum_{r=1}^{k} p_r \dot{q}_r$ を差し引いて $q_r$ と $p_r$ の関数である $-H$ を得る変換をルシャンドル変換とよび，熱力学では重要な役割を果たす．

ハミルトニアンの微分は，式 (435)，

$$\mathrm{d}H = \sum_{r=1}^{k}(-\dot{p}_r \mathrm{d}q_r + \dot{q}_r \mathrm{d}p_r) \tag{437}$$

であるから，

$$\frac{\partial H}{\partial q_r} = -\dot{p}_r \tag{438}$$

$$\frac{\partial H}{\partial p_r} = \dot{q}_r \tag{439}$$

という関係式が得られる．これをハミルトンの正準運動方程式とよぶ．こ

の運動方程式も，ニュートンの運動方程式や，ラグランジュの運動方程式と等価である．

さて，ハミルトニアンの時間微分は，$q_r$ と $p_r$ が時間依存することに注意すると，

$$\frac{dH}{dt} = \frac{\partial H}{\partial t} + \sum_{r=1}^{k} \frac{\partial H}{\partial q_r}\dot{q}_r + \sum_{r=1}^{k} \frac{\partial H}{\partial p_r}\dot{p}_r$$
$$= \frac{\partial H}{\partial t} \tag{440}$$

となる．ここで，第2行目を得るのに，ハミルトンの正準方程式を用いている．これは $H$ が時間 $t$ にあらわに依存しなければエネルギーは一定であることを示している．

ハミルトンの正準方程式の例として，ポテンシャルエネルギー $U(\boldsymbol{r})$ のもとでの質点の運動方程式を求めよう．ハミルトニアンは

$$H = \frac{1}{2m}\boldsymbol{p}^2 + U(\boldsymbol{r}) \tag{441}$$

である．したがって，直交座標系での $x$ 成分については

$$\frac{\partial H}{\partial x} = \frac{\partial U}{\partial x} = -\dot{p}_x \tag{442}$$

$$\frac{\partial H}{\partial p_x} = \frac{p_x}{m} = \dot{x} \tag{443}$$

が得られるが，第1式は，運動量の時間変化が力に等しいという，ニュートンの第2法則，第2式は運動量の定義式にほかならない．

## 8.6 ポアソン括弧

一般運動量 $p$，一般座標 $q$ と時間 $t$ で表されるある物理量 $f(p,q,t)$ の時間変化を考えよう．ただし，$p$ と $q$ はそれぞれ必要な自由度である $k$ 個の $p_r$ と $q_r$ をまとめて書いたものとする．$f$ の時間変化は以下のように表される．

## 8.6 ポアソン括弧

$$\begin{aligned}\frac{\mathrm{d}f}{\mathrm{d}t} &= \frac{\partial f}{\partial t} + \sum_{r=1}^{k}\left(\frac{\partial f}{\partial p_r}\dot{p}_r + \frac{\partial f}{\partial q_r}\dot{q}_r\right) \\ &= \frac{\partial f}{\partial t} + \sum_{r=1}^{k}\left(\frac{\partial f}{\partial q_r}\frac{\partial H}{\partial p_r} - \frac{\partial f}{\partial p_r}\frac{\partial H}{\partial q_r}\right) \\ &\equiv \frac{\partial f}{\partial t} + \{H, f\} \end{aligned} \quad (444)$$

ここで，2行目を得るのに，正準方程式を用いた．3行目で定義した

$$\{H, f\} \equiv \sum_{r=1}^{k}\left(\frac{\partial H}{\partial p_r}\frac{\partial f}{\partial q_r} - \frac{\partial f}{\partial p_r}\frac{\partial H}{\partial q_r}\right) \quad (445)$$

をポアソンの括弧式とよぶ．$f$ が $t$ にあらわによらないときには，

$$\frac{\mathrm{d}}{\mathrm{d}t}f = \{H, f\} \quad (446)$$

が成り立つ．$f$ が保存量であるときには，$\mathrm{d}f/\mathrm{d}t = 0$ であるから，$\{H, f\} = 0$ である．

ポアソンの括弧式は1つの物理量 $f$ とハミルトニアン $H$ のあいだで定義されるだけではなく，任意の2つの物理量 $f$, $g$ に対しても次式で定義する．

$$\{f, g\} \equiv \sum_{r=1}^{k}\left(\frac{\partial f}{\partial p_r}\frac{\partial g}{\partial q_r} - \frac{\partial g}{\partial p_r}\frac{\partial f}{\partial q_r}\right) \quad (447)$$

ポアソンの括弧式は定義により，2つの物理量の順番を替えると逆符号となる．

$$\{f, g\} = -\{g, f\} \quad (448)$$

また，一方の物理量が一般座標や，一般運動量に等しいときには，以下の式が成り立つ．

$$\{f, p_r\} = -\frac{\partial f}{\partial q_r} \quad (449)$$

$$\{f, q_r\} = \frac{\partial f}{\partial p_r} \quad (450)$$

これより，

$$\{p_r, p_s\} = 0 \tag{451}$$

$$\{q_r, q_s\} = 0 \tag{452}$$

$$\{p_r, q_s\} = \delta_{r,s} \tag{453}$$

が成り立つ．ただし，$\delta_{r,s}$ はクロネッカーのデルタである．これらの式は，量子力学での正準交換関係とよく似た形をしていることに注意したい．

証明は省略するが，ポアソン括弧式はヤコビの恒等式とよばれる，つぎの式を満たす．

$$\{f, \{g, h\}\} + \{g, \{h, f\}\} + \{h, \{f, g\}\} = 0 \tag{454}$$

とくに，$h = H$ のときは

$$\{f, \{g, H\}\} + \{g, \{H, f\}\} + \{H, \{f, g\}\} = 0 \tag{455}$$

であるが，$f$ と $g$ が保存量で $\mathrm{d}f/\mathrm{d}t = 0$, $\mathrm{d}g/\mathrm{d}t = 0$ の場合には

$$\{H, f\} = \frac{\mathrm{d}f}{\mathrm{d}t} - \frac{\partial f}{\partial t} = -\frac{\partial f}{\partial t} \tag{456}$$

であることに注意すると，

$$\left\{f, \frac{\partial g}{\partial t}\right\} - \left\{g, \frac{\partial f}{\partial t}\right\} + \{H, \{f, g\}\} = 0 \tag{457}$$

であり，第1項と第2項の時間微分をまとめると，

$$\frac{\partial}{\partial t}\{f, g\} + \{H, \{f, g\}\} = 0 \tag{458}$$

が得られる．この式は (444) により

$$\frac{\mathrm{d}}{\mathrm{d}t}\{f, g\} = 0 \tag{459}$$

を意味する．したがって，$f$, $g$ が保存量のとき $\{f, g\}$ も保存量である．この結果を用いると，あらたな保存量をみつけることができる場合があるが，保存量は無意味な組合せを除いて，有限個しかないのだから，すでに知られている保存量が出るに過ぎない場合も多い．

## 8.7 正準変換

ラグランジュの運動方程式を得るには，$k$ 個の一般座標 $q_r$ と $\dot{q}_r$ でラグランジアン $L$ を表せばよいが，すでに述べたように，このときの一般座標の選び方は一意的ではない．したがって，$q_r$ の代わりにこれらの一般座標の関数である，互いに独立な $k$ 個の $Q_r(q_1, \cdots q_k, t)$ を考えてもよい．その結果得られる運動方程式，

$$\frac{\mathrm{d}}{\mathrm{d}t}\frac{\partial L}{\partial \dot{Q}_r} - \frac{\partial L}{\partial Q_r} = 0 \tag{460}$$

は正しく運動を記述する．

ラグランジュ形式では，このように一般座標をとり直すことができ，都合のよい座標を選ぶことができるが，座標と速度を混ぜるような変換は許されない．これに対して，ハミルトン形式では座標と運動量をまぜるような変換も許される．すなわち，新たな一般座標，一般運動量として

$$P_r = (q_1, \cdots q_k, p_1, \cdots p_k : t) \tag{461}$$

$$Q_r = (q_1, \cdots q_k, p_1, \cdots p_k : t) \tag{462}$$

を用いることも，ある条件のもとで，可能である．つまり，許される変換では，新たなハミルトニアン $H'(P, Q)$ が定義されて，これ対して

$$\dot{Q}_r = \frac{\partial H'}{\partial P_r}, \quad \dot{P}_r = -\frac{\partial H'}{\partial Q_r} \tag{463}$$

が満たされなければならないが，このような変換を正準変換という．

それでは，ある変換が正準変換であるための条件は何であろうか？ これを調べるために，最小作用の原理に戻って議論することにしよう．運動方程式の解である $p_r$，$q_r$ とその関数である $H$ で表した作用 $S$ の変分はゼロである．

$$\delta S = \delta \int_{t_1}^{t_2} L \mathrm{d}t = \delta \int \left( \sum_{r=1}^{k} p_r \dot{q}_r - H \right) \mathrm{d}t$$

$$= \delta \int \left( \sum_{r=1}^{k} p_r \mathrm{d}q_r - H \mathrm{d}t \right)$$
$$= 0 \tag{464}$$

同様に，変換後の変数による作用の変分もゼロでなければならない．

$$\delta \int \left( \sum_{r=1}^{k} P_r \mathrm{d}Q_r - H' \mathrm{d}t \right) = 0 \tag{465}$$

式 (465) に式 (461)，(462) を代入すると，作用は元の $p_r$ と $q_r$ の関数になるが，この変分が，式 (464) が満たされるときつねにゼロになるためには，被積分関数の差はある関数 $F$ の完全微分でなければならない．すなわち，

$$\mathrm{d}F = \sum_{r=1}^{k} p_r \mathrm{d}q_r - \sum_{r=1}^{k} P_r \mathrm{d}Q_r + (H' - H) \, \mathrm{d}t \tag{466}$$

このとき，始点と終点を固定するという条件から，式 (464) と (465) が同時にゼロになることが保証される．$F$ を正準変換の母関数という．$F(q,Q,t)$ を与えると，

$$H' = H + \frac{\partial F}{\partial t} \tag{467}$$

$$p_r = \frac{\partial F}{\partial q_r} \tag{468}$$

$$P_r = -\frac{\partial F}{\partial Q_r} \tag{469}$$

で $(p,q)$ と $(P,Q)$ の関係が得られる．とくに，$\partial F/\partial t = 0$ ならば

$$H' = H\left( p(P,Q), q(P,Q) \right) \tag{470}$$

である．

母関数の一例として $F = \sum_{r=1}^{k} q_r Q_r$ とすると，

$$p_r = \frac{\partial F}{\partial q_r} = Q_r \tag{471}$$

$$P_r = -\frac{\partial F}{\partial Q_r} = -q_r \tag{472}$$

であるから，座標と運動量が完全に入れかわる．このように，正準変換では一般座標と一般運動量は混ざり合うこととなり，区別をつけるのが困難になる．そこで，$p, q$ をそれぞれ一般座標と一般運動量といわずに，正準共役量とよぶこともある．

## 8.8 ポアソン括弧の不変性

正準変換の性質として，ポアソン括弧式が不変に保たれるということがある．議論を明確にするために，ポアソン括弧式をどの正準共役量で計算するのかを明らかにして，変数 $p, q$ によるポアソン括弧式を

$$\{f, g\}_{p,q} \tag{473}$$

と書くことにしよう．そうすると，これは新しい正準変数 $P, Q$ によるものと等しいことを示すことができる．つまり，

$$\{f, g\}_{p,q} = \{f, g\}_{P,Q} \tag{474}$$

である．このことを示すために，$g$ をハミルトニアンとする仮想的な系を考えよう[3)]．このとき，式 (444) により，$f$ の時間変化は

$$\frac{df}{dt} = \frac{\partial f}{\partial t} + \{g, f\} \tag{475}$$

で与えられる．この時間微分の値 $df/dt$ は $\{g, f\}_{p,q}$ でも $\{g, f\}_{P,Q}$ でも同じにならなければならない．したがって，ポアソン括弧式は正準共役量のとり方にはよらない．このため，ポアソン括弧式は通常はここで用いたように，どの正準共役量を用いたものであるかを明記する必要はないのである．ポアソン括弧式の不変性の証明は，ポアソン括弧式中の微分を具体的に変数変換して計算することにより，直接確かめることもできる．

ポアソン括弧式の不変性から，つぎの関係が示される．

$$\{Q_i, Q_j\}_{p,q} = \{Q_i, Q_j\}_{P,Q} = 0 \tag{476}$$

$$\{P_i, P_j\}_{p,q} = \{P_i, P_j\}_{P,Q} = 0 \tag{477}$$

$$\{P_i, Q_j\}_{p,q} = \{P_i, Q_j\}_{P,Q} = \delta_{i,j} \tag{478}$$

これらの式は，$P, Q$ が正準共役量であるための必要十分条件である．

ニュートンの運動方程式は「力」を基本的な物理量として，物体の運動を支配する法則を記したものである．一方，解析力学は座標の一般化をするとともに，「力」を用いずに，ニュートン力学と同じ結果を与える運動法則の定式化を，いくつかの原理に基づいて行った．実際に運動の解析を行う場合に，解析力学を用いることは必ずしも得策ではなく，ニュートンの運動方程式を用いたほうが，直感的にわかりやすい場合が多いであろう．しかし，解析力学の発展によって得られた知識は，古典力学よりも基本的な運動法則である量子力学の誕生にあたって，重要な役割を果たすことになるのである．

## 演 習 問 題

[1] $x$ 軸上を運動する 2 つの質量 $m$ の質点が自然長 $a$，ばね定数 $k$ のばねで結ばれている．この系のラグランジアンを求め，運動方程式を導出せよ．なお，2 つの質点の位置座標を $x_1, x_2$ とするとき，つねに $x_1 < x_2$ が成り立っているものとせよ．

[2] 質点の中心力場中の運動では角運動量が保存するため，運動の軌道は 1 平面上に限られる．
 (1) 力の中心を原点とする平面上の極座標 $(r, \theta)$ を用いてラグランジアンを書き表せ．ただし，中心力のポテンシャルエネルギーを $U(r)$ とせよ．
 (2) 運動方程式を求めよ．

[3] 鉛直平面上に置かれた細い滑らかなチューブの内部での質点の運動を考える．平面上の水平方向に $x$ 座標を，鉛直方向に $y$ 軸を設定する．チューブ内部に閉じ込められた質点は曲線 $y = f(x)$ 上のみを運動できるとする．
 (1) この運動のラグランジアンを求めよ．
 (2) ラグランジアンから運動方程式を導き出せ．

# 参　考　文　献

[1]　I. Newton: Philosophiae naturalis principia mathematica, 1687.
[2]　J.L. Lagrange: Mécanique analytique, 1788.
[3]　ランダウ-リフシッツ，力学，広重徹，水戸巌訳，東京図書，1967．
[4]　藤原邦男，物理学序説としての力学，東京大学出版会，1984．
[5]　R.P. Feynman. R.B. Leighton, M. Sands, The Feynman Lecutes on Physics, Vol.1 Pearson PTR, 1967 (ファインマン物理学 I 力学，坪井忠二訳，岩波書店，1967)
[6]　米谷民明，力学，培風館，1993．

　　[1] と [2] は本文中で述べたように，力学及び，解析力学の出発点となった歴史的書物である．しかし，普通の力学の学習者が，これらの本を見ることは先ずないであろう．[3] も本文中，ポアソン括弧の不変性の証明の際に引用した書物であるが，この本以下は本書と同時，または，さらに進んだ勉強を行うための教科書として推薦できるものである．ほぼ難易度の順に簡単に紹介しよう．

　　[4] は大学の 1 年生用の教科書である．1 年生が物理学を習い始める初めの主題が力学であるということを意識した本であり，いくつかの例について，実際の実験データと計算を比較するなどの工夫により，学生が力学を身近なものと思えるように書かれており，著者の自然科学に対する情熱とロマンが感じられる教科書である．

　　[5] は朝永振一郎と同時にノーベル賞を受賞した，20 世紀最高の物理学者の一人であるファインマンが，カリフォルニア工科大学の 1,2 年生に対して行った講義に基づく教科書である．Vol.1 と Vol.2 の 2 冊で古典物理全般をカバーする内容になっており，力学に相当する部分は主に第 1 巻の前半に書かれている．この本も大学で物理を学び始める学生が興味を持って勉強できるように工夫された本であり，同時に，優れた物理学者が物理をどの様に捕らえているのかが伝わってくる名著である．なお，この本は和訳があるが，これは 2 冊分を 4 冊に分割してあり，Vol.1 の前半が I 力学となっている．本書は和訳ではなく，ぜひとも本来の英語版で読んで貰いたい

ものである．そのことにより，偉大な物理学者ファインマンから直接物理を習っているという感動が得られる．

[6] は大学ではじめて力学を学ぶための教科書としても使えるが，さらに進んだ内容を豊富に含んだ本である．従って，一度力学を学んだ上で，さらに理解を深めるために読むのに最適の本と言える．

前に戻って，[3] はファインマンと同様 20 世紀最高の物理学者であるランダウがリフシッツと共に作成した物理学全般を網羅する教科書（理論物理学教程）の第 1 巻目である．この本では解析力学を出発点にして，論理的に力学を構築している．このため，内容は高度であり，一通り力学を理解してから読むべき本である．薄い本であるが，簡潔な記述で力学についてのあらゆる話題が網羅されており，この本をきちんと読めば，力学については免許皆伝と言うことができるであろう．

# 演習問題の解答

**1 章**

**[1]** (1) $z$ 軸に平行ならせんとなるが,図は省略する.

(2)
$$\boldsymbol{v}(t) = (-b\omega \sin\omega t, b\omega \cos\omega t, c)$$
$$v(t) = \sqrt{\boldsymbol{v}(t)^2} = \sqrt{b^2\omega^2 + c^2}$$
$$\boldsymbol{e}(t) = \frac{1}{\sqrt{b^2\omega^2 + c^2}}(-b\omega \sin\omega t, b\omega \cos\omega t, c)$$

(3) 直接 $\boldsymbol{v}(t)$ を時間微分することによって,
$$\boldsymbol{a}(t) = (-b\omega^2 \cos\omega t, -b\omega^2 \sin\omega t, 0)$$

一方,式 (19) より
$$\boldsymbol{a}(t) = \frac{\mathrm{d}v(t)}{\mathrm{d}t}\boldsymbol{e}(t) + v(t)\frac{\mathrm{d}\boldsymbol{e}(t)}{\mathrm{d}t}$$

と書くことができ,第 1 項が接線加速度,第 2 項が法線加速度である.いま,$v(t)$ は (2) より一定なので,接線加速度は 0 であり,法線加速度は加速度それ自身に一致する.このことは,$\boldsymbol{a}(t) \cdot \boldsymbol{e}(t) = 0$ であることからも知ることができる.

(4) 法線加速度方向の単位ベクトルは
$$\boldsymbol{n}(t) = (-\cos\omega t, -\sin\omega t, 0)$$

である.これと式 (26) を用いて,
$$\boldsymbol{a}(t) = b\omega^2(-\cos\omega t, -\sin\omega t, 0) = \frac{v^2}{R}\boldsymbol{n}(t)$$

と書くことができる.これより,
$$R = \frac{v^2}{b\omega^2} = \frac{b^2\omega^2 + c^2}{b\omega^2}$$

154     演習問題の解答

(5) $\boldsymbol{v}(t) \times \boldsymbol{\omega} = (b\omega^2 \cos\omega t, b\omega^2 \sin\omega t, 0)$ となるので，$\boldsymbol{a}(t) + \boldsymbol{v}(t) \times \boldsymbol{\omega} = \boldsymbol{0}$．

[2] (1) $\boldsymbol{A} \cdot \boldsymbol{B} = 1.0$，一方 $|\boldsymbol{A}| = |\boldsymbol{B}| = \sqrt{14.0}$．これより，$\cos\theta = 1.0/14.0 \simeq 0.071$

(2) $\boldsymbol{A} \times \boldsymbol{B} = (7.0, 5.0, 11.0)$，$|\boldsymbol{A}\times\boldsymbol{B}| = \sqrt{195.0}$ より，$\sin\theta = \sqrt{195.0}/14.0 \simeq 0.997$

(3) 省略

[3] (1)
$$(\boldsymbol{A} \times \boldsymbol{B}) \cdot \boldsymbol{A} = (a_y b_z - a_z b_y, a_z b_x - a_x b_z, a_x b_y - a_y b_x) \cdot (a_x, a_y, a_z)$$
$$= (a_y b_z - a_z b_y)a_x + (a_z b_x - a_x b_z)a_y + (a_x b_y - a_y b_x)a_z$$
$$= 0$$

$\boldsymbol{A} \times \boldsymbol{B}$ は $\boldsymbol{A}$ と垂直なベクトルになるから，$\boldsymbol{A}$ とのスカラー積が 0 になるのは当然である．[2] の (2) で求めた $(\boldsymbol{A} \times \boldsymbol{B})$ についても $(\boldsymbol{A} \times \boldsymbol{B}) \cdot \boldsymbol{A}$ と $(\boldsymbol{A} \times \boldsymbol{B}) \cdot \boldsymbol{B}$ がともに 0 になることを確かめることができる．

(2), (3) 省略

[4] (1) 省略

(2) $\dot{r} = -\gamma r$，$\boldsymbol{e}_r = (\cos\theta(t), \sin\theta(t))$，$\dot{\theta} = \omega$，$\boldsymbol{e}_\theta = (-\sin\theta(t), \cos\theta(t))$．

(3) $(\ddot{r} - r\dot{\theta}^2) = (\gamma^2 - \omega^2)r(t)$，$(2\dot{r}\dot{\theta} + r\ddot{\theta}) = -2\gamma\omega r(t)$

(4) $\boldsymbol{r}(t) = (r(t)\cos\theta(t), r(t)\sin\theta(t))$，この式の時間微分よりただちに確かめられる．

## 2 章

[1] 時間で 2 階微分して加速度を計算すると
$$\boldsymbol{a}(t) = -\boldsymbol{R}_0 \omega^2 \cos[\omega(t - t_0)] = -\omega^2 \boldsymbol{r}(t)$$
質点の質量を $m$ として，力 $\boldsymbol{F}$ は $m\boldsymbol{a}$ に等しいはずだが，
$$\boldsymbol{F} = -m\boldsymbol{R}_0 \omega^2 \cos[\omega(t - t_0)]$$
とすると，力が時間に依存し，しかもかってに選べる $t_0$ に依存することになり，奇妙なことになるので，$\boldsymbol{F} = -m\omega^2 \boldsymbol{r}$ と原点からの距離に比例し，原点を向いた力が働いていると考えられる．

[2] (1) 速度は
$$v_x(t) = v_{0x}\mathrm{e}^{-kt}$$
$$v_y(t) = 0$$

演習問題の解答

$$v_z(t) = -\frac{g}{k} + \left(v_{0z} + \frac{g}{k}\right) \mathrm{e}^{-kt}$$

次に加速度は

$$a_x(t) = -kv_{0x}\mathrm{e}^{-kt} = -kv_x(t)$$
$$a_y(t) = 0$$
$$a_z(t) = -k\left(v_{0z} + \frac{g}{k}\right)\mathrm{e}^{-kt} = -k\left(v_z(t) + \frac{g}{k}\right) = -kv_z(t) - g$$

[1] と同様に，力が時間に依存するのは奇妙なので，最後の形より，$z$ 軸の負の方向に働く重力 $m\bm{g}$ と，速度に比例する力 $-mk\bm{v}$ が働いていると考えるのが合理的である．

(2) $\mathrm{e}^{-kt}$ の近似式を代入すると，

$$x(t) \simeq v_{0x}t - \frac{1}{2}v_{0x}kt^2$$
$$z(t) \simeq v_{0z}t - \frac{1}{2}v_{0z}kt^2 - \frac{1}{2}gt^2$$

となる．ここで $k$ がとても小さいとして，$k \to 0$ とすれば，速度に比例する力がない場合の放物運動の式が再現される．

(3) $t \to \infty$ では $\mathrm{e}^{-kt} \to 0$ であるから，

$$x(t) \to \frac{1}{k}v_{0x}$$
$$z(t) \simeq -\frac{g}{k}t + \frac{1}{k}\left(v_{0z} + \frac{g}{k}\right)$$
$$v_x(t) \to 0$$
$$v_z(t) \simeq -\frac{g}{k}$$

すなわち，$x$ 方向へは $v_{0x}/k$ まで，$z$ 方向は一定の速さ $-g/k$ で落下して行くようになる．

[3] (1) 地球の周囲は約 4 万 km だから，地球の半径は $R_\mathrm{e} \simeq 6{,}300\mathrm{km} = 6.3 \times 10^6$ m．式 (81)，$g = GM_\mathrm{e}/R_\mathrm{e}^2$, を用いて，地球の質量 $M_\mathrm{e}$ は

$$M_\mathrm{e} = \frac{gR_\mathrm{e}^2}{G} = 5.8 \times 10^{24} \text{ kg}$$

(2) 半径 $A$ の円運動の加速度の大きさは式 (55) より $A\omega^2$. したがって，$ma = F$ より

$$M_\mathrm{e}A\omega^2 = G\frac{M_\mathrm{e}M_\mathrm{s}}{A^2}$$

角速度 $\omega$ は 1 年で角度 $2\pi$ の回転であり，1 年は約 $3.15 \times 10^7$ 秒であるから，$\omega \simeq 2.0 \times 10^{-7}$ rad/s．これより，太陽の質量 $M_\mathrm{s}$ は

$$M_\mathrm{s} = \frac{A^3 \omega^2}{G} = 2.0 \times 10^{30} \text{ kg}$$

$$\frac{M_\mathrm{s}}{M_\mathrm{e}} = 3.4 \times 10^5$$

(3)
$$F = G \frac{M_\mathrm{s} \times 1 \text{ kg}}{A^2} = 5.9 \times 10^{-3} \text{ N}$$

地球による引力 9.8 N に比べて千分の 1 以下の大きさになっている．

[4] $\boldsymbol{r} = r\boldsymbol{e}_r$, $\boldsymbol{p} = m\dot{r}\boldsymbol{e}_r + mr\dot{\theta}\boldsymbol{e}_\theta$ であるから，$l_z = (\boldsymbol{r} \times \boldsymbol{p})_z = mr^2\dot{\theta}$．これは面積速度 $\mathrm{d}S/\mathrm{d}t = r^2\dot{\theta}/2$ (式 (71)) に比例する．

## 3 章

[1] (1) $\boldsymbol{r} = (x, 0, 0)$ より，微小な移動のときの変位は $\mathrm{d}\boldsymbol{r} = (\mathrm{d}x, 0, 0)$．この微小な移動のときの仕事は $\boldsymbol{F} \cdot \mathrm{d}\boldsymbol{r} = -kx\mathrm{d}x$．これを足し合わせて，

$$\text{仕事} = \int_0^R -kx\mathrm{d}x = -\frac{1}{2}kR^2$$

(2) この場合，移動方向は力の方向と直行しているから，$\boldsymbol{F} \cdot \mathrm{d}\boldsymbol{r} = 0$．よって，仕事はゼロ．

(3) $\boldsymbol{r} = (R, 0, 0) + (-R, R, 0)s$ より，$s$ が微小に増加するときの変位は $\mathrm{d}\boldsymbol{r} = (-R, R, 0)\mathrm{d}s$．このときの仕事は

$$\boldsymbol{F} \cdot \mathrm{d}\boldsymbol{r} = -k((1-s)R, Rs, 0) \cdot (-R, R, 0)\mathrm{d}s$$
$$= kR^2(1-2s)\mathrm{d}s$$

全仕事はこれを足し合わせて，

$$\text{仕事} = \int_0^1 kR^2(1-2s)\mathrm{d}s = kR^2(s-s^2)\big|_0^1 = 0$$

ここでの力は保存力であるので，(2) と (3) での仕事は等しくなっている．

[2] (1) $(1/2)k(x^2 + y^2 + z^2) = U_0$ は半径 $\sqrt{2U_0/k}$ の球の方程式であるから，等ポテンシャル面は原点を中心とする球面である．

(2)
$$\boldsymbol{F}(\boldsymbol{r}) = -\left(\frac{\partial U(\boldsymbol{r})}{\partial x}, \frac{\partial U(\boldsymbol{r})}{\partial y}, \frac{\partial U(\boldsymbol{r})}{\partial z}\right) = -(kx, ky, kz) = -k\boldsymbol{r}$$

このように $\boldsymbol{F}$ は原点に向いたベクトルであるから，原点を中心とする球面である等ポテンシャル面とは直交している．

[**3**] (1) $U = -k$，すなわち，$xy = 1$ は図 A.1 のような双曲線である．

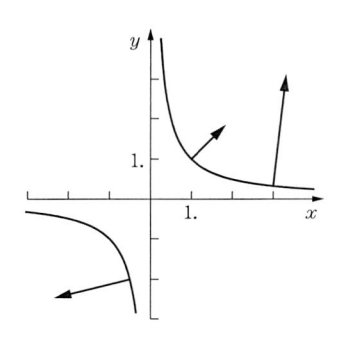

図 **A.1** 等ポテンシャル線と力 $\boldsymbol{F}$

(2)
$$\boldsymbol{F}(\boldsymbol{r}) = -\left(\frac{\partial}{\partial x}, \frac{\partial}{\partial y}, \frac{\partial}{\partial z}\right)(-kxy) = (ky, kx, 0)$$

$\boldsymbol{F}(\boldsymbol{r}_1) = (k, k, 0)$, $\boldsymbol{F}(\boldsymbol{r}_2) = (-2k, -k/2, 0)$, $\boldsymbol{F}(\boldsymbol{r}_3) = (k/3, 3k, 0)$ であり，図 A.1 のようになる．（力を表す矢印の長さは $k$ の値に依存するので，方向と，3本の相対的な長さが正しければよい．）

[**4**]
$$\frac{\partial}{\partial x}\frac{1}{r} = -\frac{1}{r^2}\frac{\partial r}{\partial x} = -\frac{1}{r^2}\frac{\partial\sqrt{x^2+y^2+z^2}}{\partial x} = -\frac{1}{r^2}\frac{x}{r}$$

であるから，
$$\boldsymbol{F}(\boldsymbol{r}) = \left(\frac{\partial}{\partial x}, \frac{\partial}{\partial y}, \frac{\partial}{\partial z}\right)\frac{k}{r} = -\left(\frac{kx}{r^3}, \frac{ky}{r^3}, \frac{kz}{r^3}\right) = -k\frac{\boldsymbol{r}}{r^3}$$

$k = GMm$ とすれば，これは原点に質量 $M$ があるときの $m$ に対する万有引力である．

## 4 章

[**1**] (1) 運動量の $x$ 成分は $p_x = mv = -0.15\,\text{kg} \times 40\,\text{m/s} = -6.0\,\text{kg}\,\text{m/s}$．した

がって，投げたときの運動量は $\bm{p}_\mathrm{i} = (-6.0, 0, 0)\,\mathrm{kg\,m/s}$.
- (2) $v_0^2/g = 125\,\mathrm{m}$ だから，$g = 9.8\,\mathrm{m/s^2}$ を用いて，$v_0 = 35\,\mathrm{m/s}$. 45 度の方向にこの速さだから，$\sqrt{2}$ で割って，$\bm{v} = (24.7, 0, 24.7)\,\mathrm{m/s}$, $\bm{p}_\mathrm{f} = (3.7, 0, 3.7)\,\mathrm{kg\,m/s}$.
- (3) 力積 $= \bm{p}_\mathrm{f} - \bm{p}_\mathrm{i} = (9.7, 0, 3.7)\,\mathrm{kg\,m/s}$.
- (4) $40\,\mathrm{m/s}$ で $0.05\,\mathrm{m}$ 進む時間は $1.25\times 10^{-3}\,\mathrm{s}$. したがって，接触時間は $T = 2.5 \times 10^{-3}\,\mathrm{s}$.
- (5) 力積の大きさは $\sqrt{(9.7)^2 + (3.7)^2} = 10.4\,\mathrm{kg\,m/s}$. これを $T$ で割って，力の大きさは $|\bm{F}| = 4.2 \times 10^3\,\mathrm{N}$.
- (6) 加速度の大きさは力の大きさをボールの質量で割って，$a = F/m = 2.8 \times 10^4\,\mathrm{m/s^2} = 2.9 \times 10^3 g$. すなわち，重力加速度の 3 千倍.

[2] (1) 省略

(2)
$$\text{左辺} = (\cos\theta + \mathrm{i}\sin\theta)(\cos\phi + \mathrm{i}\sin\phi)$$
$$= \cos\theta\cos\phi - \sin\theta\sin\phi + \mathrm{i}(\sin\theta\cos\phi + \cos\theta\sin\phi)$$
$$\text{右辺} = \cos(\theta+\phi) + \mathrm{i}\sin(\theta+\phi)$$

実数部と，虚数部はそれぞれ等しいので，加法定理

$$\cos(\theta+\phi) = \cos\theta\cos\phi - \sin\theta\sin\phi$$
$$\sin(\theta+\phi) = \sin\theta\cos\phi + \cos\theta\sin\phi$$

が証明できた．

[3] (1) 省略

(2) まず，$v(t)$ を求めておく．

$$v(t) = \dot{x}(t) = a_1 \mathrm{e}^{-\omega t} - \omega(a_1 t + a_0)\mathrm{e}^{-\omega t}$$

したがって，$v(0) = a_1 - \omega a_0$, $x(0) = a_0$. 初期条件を用いて，答えは

$$a_0 = x_0, \qquad a_1 = \omega x_0$$

$x(t)$ のふるまいは図 33 の (b) のようになる．

(3)
$$a_0 = 0, \qquad a_1 = v_0$$

図示すると図 A.2 のようになる．$x(t)$ が最大となるのは，$v(t) = 0$ のときであり，$t = 1/\omega$．

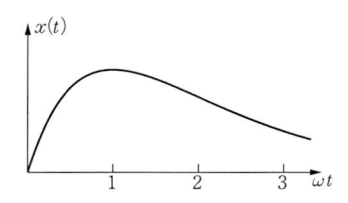

**図 A.2** $x(0) = 0, v(0) = v_0$ である場合の $x(t)$

(4)
$$x\left(\frac{1}{\omega}\right) = \left(\frac{a_1}{\omega} + a_0\right) e^{-1} = 0$$

より，
$$a_0 = x_0, \qquad a_1 = -\omega x_0$$

図示すると図 A.3 のようになる．

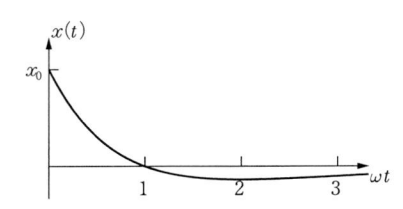

**図 A.3** $x(0) = x_0 > 0, x(1/\omega) = 0$ である場合の $x(t)$

[4] (1) $U'(x) = 0$ より，
$$x_0 = \sqrt{\frac{b}{a}}$$

(2)
$$\left.\frac{d^2}{dx^2}U(x)\right|_{x=x_0} = \left.\frac{2b}{x^3}\right|_{x=x_0} = 2a\sqrt{\frac{a}{b}}$$

これが式 (187) の $k$ であるから，角振動数は
$$\omega = \left(\frac{2a}{m}\right)^{1/2}\left(\frac{a}{b}\right)^{1/4}$$

となり，一般解は
$$x = x_0 + A\cos(\omega t + \alpha)$$

[5] (1)
$$\boldsymbol{F}(\boldsymbol{r}) = -\nabla U(\boldsymbol{r}) = -\frac{k}{2}\left(\frac{\partial r^2}{\partial x}, \frac{\partial r^2}{\partial y}, \frac{\partial r^2}{\partial z}\right) = -k\boldsymbol{r}$$

$\boldsymbol{F}(\boldsymbol{r}) \parallel \boldsymbol{r}$ であるから中心力である．

(2) $F_r = -kr$ であるから，
$$m(\ddot{r} - r\dot{\theta}^2) = -kr$$
$$L_z = mr^2\dot{\theta}$$

(3) $h = r^2\dot{\theta}$ を用いて
$$m\ddot{r} - m\frac{h^2}{r^3} = -kr$$

(4)
$$\frac{1}{2}m\dot{r}^2 + \frac{mh^2}{2r^2} + \frac{1}{2}kr^2 = E$$
より，
$$U_{\text{eff}} = \frac{1}{2}kr^2 + \frac{mh^2}{2r^2}$$

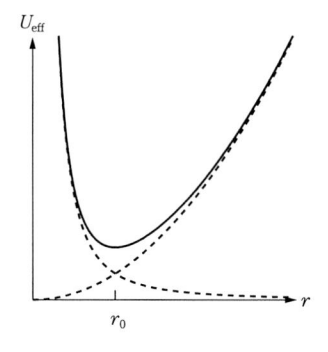

図 A.4　有効ポテンシャル $U_{\text{eff}}(r)$

(5) 図は図 A.4 のようであり，最小値は
$$U'_{\text{eff}} = kr - \frac{mh^2}{r^3} = 0$$

より，
$$r_0 = \left(\frac{m}{k}\right)^{1/4} h^{1/2}$$

(6) $\dot{\theta} = h/r_0^2 = \sqrt{k/m}$

(7)
$$U''_{\text{eff}}(r_0) = k - 3\frac{mh^2}{r_0^4} = 4k$$

$r_0$ のまわりでの $U_{\text{eff}}(r)$ のテイラー展開は
$$U_{\text{eff}}(r) = U_{\text{eff}}(r_0) + \frac{1}{2}U''_{\text{eff}}(r_0)(r - r_0)^2 + \cdots$$

であるから，
$$\omega = 2\sqrt{\frac{k}{m}}$$

## 5 章

**[1]** (1) 半径 $R$ の位置での回転による速さは反時計まわりを正として $-\omega R$ であるから，
$$v_0 = v - \omega R$$

(2) (i) 重力 $mg$ が鉛直下方向に働いている．
(ii) レコード盤からの垂直抗力 $mg$ が鉛直上方向に働いている．
(iii) レコード盤からの摩擦力
$$m\frac{v_0^2}{R} = m\frac{(v - \omega R)^2}{R}$$
が円運動の向心力として，レコード盤の中心に向かう方向に働いている．

(3) 回転座標系では速さ $v$ の等速円運動をしているので，向心力
$$m\frac{v^2}{R}$$
がレコード盤の中心に向かう方向に働いている．

(4) (3) の力を構成するのは，鉛直方向には重力 $mg$ と，垂直抗力 $mg$ で，これらは打ち消しあっている．
水平方向には
  (i) 大きさ $m\omega^2 R$ の遠心力が中心から外向きの方向に，
  (ii) 大きさ $2m\omega v$ のコリオリ力が中心に向かう方向に，
  (iii) レコード盤からの摩擦力 $m(v - \omega R)^2/R$ が中心に向かう方向に

[2] (1) $\omega = 7.27 \times 10^{-5}$ rad/s.
(2) 図 41 のように $x'y'z'$ 座標系をとると，$\boldsymbol{\omega} = (-\omega\sin\theta, 0, \omega\cos\theta)$ であり，$\boldsymbol{v} = (v_x, v_y, 0)$ とすると，
$$2\boldsymbol{\omega} \times \boldsymbol{v} = (2v_y\omega\cos\theta, 2v_x\omega\cos\theta, -2v_y\omega\sin\theta)$$
であるから，地表に平行な成分の大きさは，$2|\boldsymbol{v}|\omega\cos\theta = 1.25 \times 10^{-3}$ m/s$^2$. 一方，向心力の加速度は $v^2/r = 4.5 \times 10^{-4}$ m/s$^2$.
(3) 加速度が等しくなるのは $v = 2r\omega\cos\theta = 8.34 \times 10^{-6}$ m/s. これより $v$ が大きいと，$v^2$ に比例する向心力が大きくなる．

## 6 章

[1] $v_1 = v_0\cos\theta$, $\boldsymbol{v}_2 = (v_0\sin^2\theta, -v_0\sin\theta\cos\theta)$. 衝突後，2 つの質点の進行方向は直交する．

[2] (1) $M = 10$ kg,
$\boldsymbol{R} = (1.5, 0.4, 1.5)$ m, $\boldsymbol{P} = (5.0, 21., 10.)$ kg m/s, $\boldsymbol{V} = (0.5, 2.1, 1.0)$ m/s, $\frac{1}{2}MV^2 = 28.3$ kg m$^2$/s$^2$, $\boldsymbol{L}_\mathrm{G} = (-27.5, -7.5, 29.5)$ kg m$^2$/s.
(2) $\boldsymbol{r}'_1 = (3.5, -0.4, -1.5)$ m, $\boldsymbol{r}'_2 = (-1.5, 1.6, -1.5)$ m, $\boldsymbol{r}'_3 = (-1.5, -0.4, 1.5)$ m であり，$\sum_i m_i \boldsymbol{r}'_i = 0$ であることが確かめられる．
(3) $\boldsymbol{v}'_1 = (-0.5, -0.1, -1.0)$ m/s, $\boldsymbol{v}'_2 = (-0.5, -2.1, 4.0)$ m/s, $\boldsymbol{v}'_3 = (0.5, 0.9, -1.0)$ m であり，$\sum_i m_i \boldsymbol{v}'_i = 0$ であることが確かめられる．
(4) $\frac{1}{2}m_1 v_1^2 = 6.0$ kg m$^2$/s$^2$, $\frac{1}{2}m_2 v_2^2 = 25.0$ kg m$^2$/s$^2$, $\frac{1}{2}m_3 v_3^2 = 25.0$ kg m$^2$/s$^2$. 重心から見たものは，
$\frac{1}{2}m_1 {v'_1}^2 = 1.89$ kg m$^2$/s$^2$, $\frac{1}{2}m_2 {v'_2}^2 = 20.66$ kg m$^2$/s$^2$, $\frac{1}{2}m_3 {v'_3}^2 = 5.15$ kg m$^2$/s$^2$. それぞれの和は
$K = 56$ J, $\sum_i \frac{1}{2}m_i {v'_i}^2 = 27.7$ J であり，この差 28.3 J は重心の運動エネルギーと等しい．
(5) $\boldsymbol{l}_1 = (0.0, 0.0, 30.)$ J s, $\boldsymbol{l}_2 = (20.0, 0.0, 0.0)$ J s, $\boldsymbol{l}_3 = (-45.0, 15.0, 0.0)$ J s. 重心から見たものは
$\boldsymbol{l}'_1 = (0.75, 12.75, -1.65)$ J s, $\boldsymbol{l}'_2 = (6.5, 13.5, 7.9)$ J s, $\boldsymbol{l}'_3 = (-4.75, -3.75, -5.75)$ J s. それぞれの和は
$\boldsymbol{L} = (-25.0, 15.0, 30.0)$ J s, $\boldsymbol{L}' = (2.5, 22.5, 0.5)$ J s.
この差 $(-27.5, -7.5, 29.5)$ J s は重心の角運動量 $\boldsymbol{L}_\mathrm{G}$ と等しい．

## 7 章

**[1]** (1) 慣性モーメントの定義式 (228) を薄い場合に手直しして，
$$I_z = \int \sigma(\boldsymbol{r})(x^2+y^2)\mathrm{d}S = \iint \sigma(\boldsymbol{r})(x^2+y^2)\mathrm{d}x\mathrm{d}y$$

(2) $x$ 軸と点 $\boldsymbol{r}=(x,y,0)$ までの距離は $y$ であるから，
$$I_x = \iint \sigma(\boldsymbol{r})y^2\mathrm{d}x\mathrm{d}y$$
同様に
$$I_y = \iint \sigma(\boldsymbol{r})x^2\mathrm{d}x\mathrm{d}y$$
これより明らかに，$I_z = I_x + I_y$ が成り立つ．

**[2]** (1) 式 (300) より，$I_z = \frac{1}{2}Ma^2$．一方，原点を中心とする円盤の場合には，対称性から明らかなように，$I_x = I_y$ が成り立つ．したがって，$I_x = I_z/2 = \frac{1}{4}Ma^2$．

(2) $x$ 軸と円盤の重心＝中心の距離は $z$ であるから，式 (297) を用いて，
$$I_x = \frac{1}{4}Ma^2 + Mz^2$$

(3) 円柱の $z$ 座標が $z$ と $z+\mathrm{d}z$ の間の部分の質量は $\mathrm{d}M = (M/b)\mathrm{d}z$ であるから，この部分の慣性モーメントは (2) の結果から，
$$\mathrm{d}I_x = \frac{M}{b}\mathrm{d}z\left(\frac{1}{4}a^2 + z^2\right)$$
全慣性モーメントはこれを $z$ 方向に足し合わせればよいから，
$$I_x = \int \mathrm{d}I_x = \int_0^b \mathrm{d}z \frac{M}{b}\left(\frac{1}{4}a^2 + z^2\right) = M\left(\frac{1}{4}a^2 + \frac{1}{3}b^2\right)$$

(4) 腕の長さ，太さは一人一人異なるが，仮に長さを $0.7\,\mathrm{m}$，太さを $8\,\mathrm{cm}$ とすると，$b=0.7\,\mathrm{m}, a=0.04\,\mathrm{m}$ であり，回転半径の自乗は
$$k^2 = \frac{1}{4}a^2 + \frac{1}{3}b^2 = 0.16\,\mathrm{m}^2$$
である．（これはほぼ長さで決まってしまい，太さはほとんど寄与しない．）肩から重心までの距離を $d=0.35\,\mathrm{m}$ とすると，角振動数は $\omega = \sqrt{gd/k^2} = 4.6\,\mathrm{rad/s}$ で，周期 $T = 2\pi/\omega = 1.4\,\mathrm{s}$ となる．君たちが歩くときの腕の振りの周期と比べてみよ．

## 8 章

**[1]**
$$L = \frac{1}{2}m(\dot{x}_1^2 + \dot{x}_2^2) - \frac{1}{2}k(x_2 - x_1 - a)^2$$
$$m\ddot{x}_1 = k(x_2 - x_1 - a)$$
$$m\ddot{x}_2 = -k(x_2 - x_1 - a)$$

**[2]** (1)
$$L = \frac{1}{2}m(\dot{r}^2 + r^2\dot{\theta}^2) - U(r)$$

(2)
$$m\ddot{r} - mr\dot{\theta}^2 + \frac{\mathrm{d}U(r)}{\mathrm{d}r} = 0$$
$$\frac{\mathrm{d}}{\mathrm{d}t}(mr^2\dot{\theta}) = 2mr\dot{r}\dot{\theta} + mr^2\ddot{\theta} = 0$$

**[3]** (1)
$$L = \frac{1}{2}m\left\{1 + [f'(x)]^2\right\}\dot{x}^2 - mgf(x)$$

(2)
$$m\left\{1 + [f'(x)]^2\right\}\ddot{x} + mf'(x)f''(x)\dot{x}^2 + mgf'(x) = 0$$

# 索　引

## ア　行
位置ベクトル　4
一般運動量　142
一般解　37
一般座標　136

運動エネルギー　43, 91
運動学　3
運動座標系　77
運動方程式　25
運動量保存則　37

遠心力　82

オイラー角　118
オイラーの運動方程式　117
オイラーの公式　59

## カ　行
外積　14
解析力学　2, 131
回転座標系　79
回転子　113
回転半径　104
外力　92
角運動量　39
角運動量ベクトル　111
角運動量保存則　39
角速度　20
角速度ベクトル　111

加速座標系　79
加速度　10
ガリレイ変換　77
慣性座標系　79
慣性主軸　113
慣性楕円体　113
慣性抵抗　35
慣性テンソル　111
慣性の法則　25
慣性モーメント　105
慣性力　79, 82, 132

キャベンディシュの実験　33
球状コマ　113

クロネッカーのデルタ　17
クーロン–アモントンの法則　36

撃力　38
ケプラーの3法則　29
減衰振動　64

交線　128
剛体　3, 99
　——の運動　102
　——の運動エネルギー　114
　——の回転軸　103
　——の平面運動　107
固定ベクトル　5
古典力学　1
コリオリ力　82

## 索　引

### サ　行

歳差運動　115
　　正常な——　123
最小作用の原理　133
最大静摩擦力　36
作用反作用の法則　25
3次元極座標　21

仕事　44
実体振り子　106
質点　4
質点系　89
　　——の角運動量　94
重心　3
重力質量　34
主慣性モーメント　113
循環座標　142
章動　126
初期条件　37

スカラー3重積　16
スカラー積　12
ストークスの定理　49

正準共役量　149
正準変換　147
静摩擦係数　35
静摩擦力　35
静力学　1
接線加速度　11
線積分　44

相対運動　90
速度　8
速度ベクトル　8
束縛運動　68
束縛ベクトル　5

### タ　行

対称コマ　114
台風の渦　86
ダランベールの原理　132
単位ベクトル　7
単振動　57

力　26
　　——の場　45
　　——のモーメント　39

等速円運動　20
動力学　1
特殊直交行列　18
トルク　104

### ナ　行

内力　92
ナブラ　48

ニュートン　26
　　——の第1法則　25
　　——の第2法則　25
　　——の第3法則　25
ニュートン力学　1

粘性抵抗　35

### ハ　行

ハミルトニアン　143
ハミルトンの原理　136
ハミルトンの正準運動方程式　143
速さ　9
万有引力　33

微小振動　67
非対称コマ　127
微分方程式　36

1 階の―― 36
2 階の―― 36
斉次の線形―― 58

フーコーの振り子 84
フックの法則 34
振り子 61

ベクトル 4
　――のスカラー倍 6
　――の和 (加法) 5
ベクトル3重積 16
ベクトル積 14
変位ベクトル 6

ポアソン括弧式の不変性 149
ポアソンの括弧式 145
法線加速度 12
法線ベクトル 12
放物運動 55
放物線 56
保存則 140
保存力 45
ポテンシャルエネルギー 50

マ　行

右手系 15

メートル 4
面積速度一定の法則 29
面積分 49

ヤ　行

ヤコビの恒等式 146

ラ　行

ラグランジアン 135
ラグランジュ関数 135
ラグランジュの運動方程式 137

力学 1
力学的エネルギー 51
力積 37
臨界減衰 66
臨界制動 66

ルジャンドル変換 142

ワ　行

惑星の運動 69

**著者略歴**

吉岡大二郎(よしおかだいじろう)

1949 年　東京都に生まれる
1977 年　東京大学大学院理学系研究科博士課
　　　　　程修了
現　在　東京大学大学院総合文化研究科教授
　　　　　理学博士

朝倉物理学選書 1
力　　学
定価はカバーに表示

2008 年 3 月 15 日　初版第 1 刷
2016 年 9 月 25 日　　　第 5 刷

著　者　吉　岡　大　二　郎
発行者　朝　倉　誠　造
発行所　株式会社　朝　倉　書　店

東京都新宿区新小川町 6-29
郵便番号　162-8707
電　話　03(3260)0141
Ｆ Ａ Ｘ　03(3260)0180
http://www.asakura.co.jp

〈検印省略〉

Ⓒ 2008　〈無断複写・転載を禁ず〉　　　中央印刷・渡辺製本

ISBN 978-4-254-13756-9　C 3342　　Printed in Japan

JCOPY　〈(社)出版者著作権管理機構　委託出版物〉

本書の無断複写は著作権法上での例外を除き禁じられています。複写される場合は、
そのつど事前に、(社) 出版者著作権管理機構 (電話 03-3513-6969, FAX 03-3513-
6979, e-mail: info@jcopy.or.jp) の許諾を得てください。

## 好評の事典・辞典・ハンドブック

|  |  |  |
|---|---|---|
| 物理データ事典 | 日本物理学会 編 | B5判 600頁 |
| 現代物理学ハンドブック | 鈴木増雄ほか 訳 | A5判 448頁 |
| 物理学大事典 | 鈴木増雄ほか 編 | B5判 896頁 |
| 統計物理学ハンドブック | 鈴木増雄ほか 訳 | A5判 608頁 |
| 素粒子物理学ハンドブック | 山田作衛ほか 編 | A5判 688頁 |
| 超伝導ハンドブック | 福山秀敏ほか 編 | A5判 328頁 |
| 化学測定の事典 | 梅澤喜夫 編 | A5判 352頁 |
| 炭素の事典 | 伊与田正彦ほか 編 | A5判 660頁 |
| 元素大百科事典 | 渡辺 正 監訳 | B5判 712頁 |
| ガラスの百科事典 | 作花済夫ほか 編 | A5判 696頁 |
| セラミックスの事典 | 山村 博ほか 監修 | A5判 496頁 |
| 高分子分析ハンドブック | 高分子分析研究懇談会 編 | B5判 1268頁 |
| エネルギーの事典 | 日本エネルギー学会 編 | B5判 768頁 |
| モータの事典 | 曽根 悟ほか 編 | B5判 520頁 |
| 電子物性・材料の事典 | 森泉豊栄ほか 編 | A5判 696頁 |
| 電子材料ハンドブック | 木村忠正ほか 編 | B5判 1012頁 |
| 計算力学ハンドブック | 矢川元基ほか 編 | B5判 680頁 |
| コンクリート工学ハンドブック | 小柳 治ほか 編 | B5判 1536頁 |
| 測量工学ハンドブック | 村井俊治 編 | B5判 544頁 |
| 建築設備ハンドブック | 紀谷文樹ほか 編 | B5判 948頁 |
| 建築大百科事典 | 長澤 泰ほか 編 | B5判 720頁 |

価格・概要等は小社ホームページをご覧ください．